CONSIDÉRATIONS

SUR

L'HISTOIRE NATURELLE

DES POISSONS,

SUR LA PÊCHE ET LES LOIS QUI LA RÉGISSENT;

PAR M. DRALET,

CHEVALIER DE L'ORDRE ROYAL DE LA LÉGION D'HONNEUR,
CONSERVATEUR DES EAUX ET FORÊTS DU 12.ᵉ ARROND.ᵀ

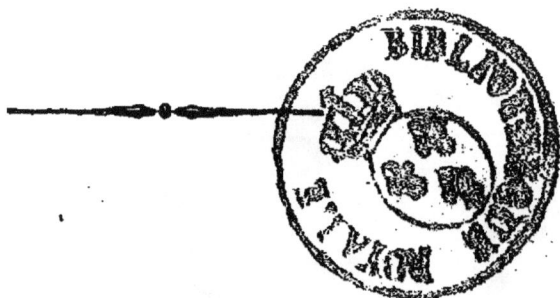

A TOULOUSE,

Chez J.ɴ-M.ᵉᵘ DOULADOURE, Imprimeur-Libraire,
rue Saint-Rome, n.º 41.

1821.

CONSIDÉRATIONS

SUR L'HISTOIRE NATURELLE

DES POISSONS,

SUR LA PÊCHE ET LES LOIS QUI LA RÉGISSENT.

INTRODUCTION.

DE toutes les productions que la nature offre
à nos besoins, le poisson est celle dont nous
jouissons le plus gratuitement; il naît, grandit,
se propage, sans exiger de nous ni soins ni dépenses, sans diminuer aucune des ressources qui
sont nécessaires aux autres animaux. Que nos
fleuves, nos rivières, nos ruisseaux acquièrent
une population décuple de ce qu'elle est maintenant, les jouissances de l'homme augmente-
ront dans la même proportion, et aucune partie de l'économie publique n'en souffrira. Per-
mettons donc aux habitans des eaux de croître
et de multiplier; ne leur faisons la guerre qu'au
moment où elle peut nous être le plus utile; et
quelque meurtrière qu'elle soit, ce que nous
laisserons dans le sein des eaux, n'en aura que

A 2

plus de facilité à nous préparer de nouvelles ressources. Tout le monde sait, en effet, que les gros poissons coûtent, chaque jour, la vie à une infinité de petits ; il résulte de là qu'une rivière qui serait long-temps respectée par les pêcheurs, finirait par n'être peuplée que d'un petit nombre de gros poissons. Mais l'excès contraire produit les mêmes effets ; car si l'avidité des pêcheurs les porte à détruire les poissons dans le bas âge, les rivières se dépeuplent en proportion d'un tel abus. Le mal sera plus grand encore, si l'on prend le poisson aux époques que la nature a marquées pour la reproduction: pêcher en temps de frai, est la même chose que tuer un oiseau dans le temps de la ponte, ou un quadrupède au moment où il va mettre bas ses petits.

Telles sont les considérations qui ont dicté nos lois sur la pêche. Leur principal objet est d'empêcher les pêcheurs de prendre le poisson en temps de frai, et celui qui n'est pas parvenu à une certaine grosseur. Mais les législateurs ont-ils atteint le but qu'ils s'étaient proposé ? Avaient-ils des connaissances assez exactes sur l'histoire naturelle des poissons, pour déterminer les moyens les plus propres à conserver et à augmenter les richesses de nos fleuves et de nos rivières ? Leurs erreurs n'auraient-elles pas, au contraire, occasionné le dépeuplement dont on se plaint avec raison ? C'est ce que je me propose d'examiner dans cet écrit. Pour remplir cette tâche, j'ai d'abord retracé l'histoire naturelle des poissons en général et de chaque espèce en particulier. Dans cette première partie, j'ai eu le soin de relever quelques erreurs où sont tombés les naturalistes, erreurs qui ont occasionné ce que notre législation me paraît avoir de vicieux.

Nos premiers règlemens, sur l'exercice de la pêche, remontent à la fin du 13.ᵉ siècle; leurs principales dispositions, renouvelées à diverses époques, sont encore en vigueur. Elles permettent l'usage de certains moyens de prendre le poisson, et en proscrivent beaucoup d'autres; mais les engins de pêche, les rets, les filets ont changé plusieurs fois de noms dans l'espace de cinq siècles, et leurs noms actuels sont différens dans chaque localité; en sorte que les officiers chargés de la police de la pêche, se trouvent dans l'impossibilité de distinguer ce qui est permis d'avec ce qui est défendu. Il en résulte nécessairement, dans l'exécution des règlemens, un arbitraire qui permet sur une rivière ce qui est défendu sur l'autre, et qui offre le même contraste sur les différentes parties d'une même rivière. Pour mettre fin à cet inconvénient, j'ai exposé dans une seconde partie les divers moyens employés par les pêcheurs; j'ai décrit leurs engins et filets, en les désignant par les divers noms sous lesquels ils sont connus, et en indiquant la manière dont on les emploie pour chaque espèce de poisson.

Ces connaissances étaient indispensables pour pouvoir comprendre et apprécier la plupart des dispositions de nos lois sur la pêche ; et elles devaient précéder l'analyse méthodique de ces lois , qui forme la troisième partie de mon Opuscule.

Tous ces matériaux ainsi disposés , il m'est devenu facile de comparer ce qu'indique la nature avec ce que prescrit la loi ; cette comparaison m'a présenté des résultats propres à faire reconnaître ce que nos lois renferment de vicieux , et à faciliter l'exécution des articles qui m'ont paru devoir être maintenus.

Lorsque toutes les idées sont tournées vers la politique, cet Ouvrage paraîtra peu important: je ne me dissimule pas qu'il trouvera peu de lecteurs ; mais il arrivera un moment où l'on reconnaîtra qu'il n'est aucune branche de l'économie publique qui soit à négliger , et l'on me saura, peut-être, quelque gré de m'être occupé d'une matière qui présente plusieurs genres d'intérêt. Le poisson fait l'ornement des tables de l'opulence ; il alimente le pauvre dans sa chaumière ; il fournit à l'agriculture et aux arts mécaniques, des ressources précieuses , à la médecine, quelques moyens curatifs. L'éclat argentin du stuc des palais, est dû à l'écaille des poissons ; c'est elle aussi qui donne à de petits globes de verre l'apparence de la perle dont se pare la beauté ; et l'exercice de la pêche, qui amuse l'enfance comme la vieillesse, fournit aussi à l'Etat cette pépinière de matelots, sans laquelle il ne peut exister de marine.

SECTION PREMIÈRE.

DES POISSONS EN GÉNÉRAL.

Les eaux sont habitées par différentes sortes d'animaux. Quelques-uns, dont le corps est très-volumineux, ont des poumons, sont vivipares ; et plusieurs d'entr'eux, tels que la baleine, allaitent leurs petits : on leur donne le nom de *cétacés*. *Linné*, qui les avait d'abord considérés comme des poissons, les a rangés avec les quadrupèdes, dans la dixième édition de son *Systema naturæ*.

On donne le nom de *crustacés* aux animaux aquatiques, que recouvre une croûte plus ou moins dure : telles sont l'écrevisse, la crevette ; et celui de *testacés* à ceux qui sont renfermés dans une boîte très-dure : ce sont les coquillages.

Il y a des animaux que l'on appelle amphibies : ils sont tantôt dans l'eau et tantôt sur la terre ; ils ont des poumons, et respirent l'air comme les cétacés ; mais ils diffèrent particulièrement de ceux-ci, en ce que l'air atmosphérique leur est absolument nécessaire, et qu'ils périraient faute de le respirer, si quelque cause les retenait trop long-temps sous l'eau.

Les poissons, proprement dits, sont, d'après la définition de M. *de Lacepède*, des êtres or-

A 4

ganisés, qui ont le sang rouge, et respirent au milieu de l'eau par les branchies.

Les naturalistes ont établi différentes méthodes pour distinguer les poissons. La plupart d'entr'eux ont principalement fondé leur classification sur le nombre et la position des nageoires, des ailerons et des filets cartilagineux ou charnus, que l'on nomme vulgairement *barbes* ou *barbillons*. *Oppien, Rondelet, Aldrovande, Jonston* et *Charleton,* ont établi la division méthodique de ces animaux sur la différence des lieux où ils se trouvent : c'est cette division que nous adopterons ici. Ainsi, nous nommerons *poissons de mer,* ceux qui ne peuvent subsister que dans l'eau salée ; *poissons d'eau douce,* ceux qui vivent dans les fleuves, les rivières, les ruisseaux et les lacs ; et nous appellerons voyageurs, les poissons qui, à certaines époques, passent de l'eau de la mer dans les fleuves. Les poissons d'eau douce et les poissons voyageurs sont ceux dont nous nous occuperons particulièrement.

Donnons d'abord une idée générale de l'organisation et des mœurs de ces habitans des eaux : nous caractériserons ensuite chacune de leurs espèces ; sans des connaissances exactes sur cette partie de l'histoire naturelle, il serait impossible de juger sainement du mérite de nos lois sur la pêche.

Chaque espèce d'animaux a reçu de la nature les facultés nécessaires pour veiller à sa conservation et pourvoir à ses besoins. Les animaux aquatiques ne font point exception à cette règle de l'économie du monde : exposés à toute sorte de dangers, ils auraient bientôt cessé de peupler les eaux, s'ils n'eussent pu apercevoir la loutre qui les guette, le cormoran lorsqu'il se précipite sur eux, ou les piéges tendus par la cupidité de l'homme. Le sens de la vue ne leur était pas seulement nécessaire pour éviter le danger : la nature, en le leur accordant, a voulu que pour leur nourriture, ils pussent apercevoir dans les eaux le reptile se traînant sur le sable, et dans l'air le papillon voltigeant sur leur surface (1). C'est pour le même but que les poissons ont un odorat très-délicat, qui fait découvrir à quelques-uns leurs alimens, même dans la fange ; mais ce bienfait de la nature leur devient funeste, chaque fois que le pêcheur garnit le fatal hain d'une pâte odorante. Le sens de l'ouïe, celui du toucher, n'exposent point le poisson à de telles déceptions ; s'il touche le filet tendu à son passage, il rétrograde et évite le piége ; si le pêcheur inattentif fait retentir le rivage sous ses pas, ou si un corps tombé sur la surface de l'eau y occasionne du bruit, le poisson, pour fuir le danger dont il se croit menacé, fend le courant avec la rapidité de l'éclair, ou il se précipite au fond de l'abîme,

_____

(1) Comme ils aperçoivent les piéges qui leur sont tendus, la pêche a peu de succès dans les eaux claires pendant le jour ou au clair de la lune ; c'est pendant la nuit, ou lorsque les eaux sont troubles, que les poissons quittent leurs retraites pour aller chercher leur nourriture.

ou bien, enfin, il cherche sa sûreté dans la ca-
vité d'un rocher; c'est aussi dans le fond de l'eau
ou sous les rochers qu'il se réfugie, soit pour
éviter les ardeurs du soleil et la rigueur du
froid, soit lorsqu'il est épouvanté par le bruit
du tonnerre, ou inquiété par les vents qui agi-
tent la surface des eaux.

Les poissons sont incontestablement doués
des quatre sens dont nous venons de parler. Les
observations de plusieurs savans distingués, notamment du docteur *Munro*, ne laissent aucun
doute à ce sujet, et le résultat de ces observations se trouve parfaitement d'accord avec l'ex-
périence de tous les pêcheurs.

Nous n'avons pas parlé du sens du goût : il
peut être peu prononcé dans les poissons voraces, dont le palais est dur et osseux; mais il
n'y a aucune raison de supposer que les autres
poissons n'aient pas la faculté de distinguer la
saveur des alimens qui leur conviennent. Il faut
avouer néanmoins, avec M. *de Lacepède*, que
des cinq sources de la sensibilité, le goût est la
moins abondante chez les poissons.

Les habitans des eaux jouissent donc de tous
les sens qui sont communs à la plupart des autres animaux; mais ils diffèrent des oiseaux et
des quadrupèdes, en ce qu'ils sont plus habituellement en état d'attaque et de défense. Ils
se défendent des piéges de l'homme, de la poursuite des animaux amphibies, des oiseaux pêcheurs, des poissons d'espèce différente de la
leur, et même des gros poissons de leur propre

espèce; mais le tourment de la faim, qui arme contr'eux tant d'ennemis puissans, développe dans le plus petit poisson la ruse et l'audace : avant de devenir victime, il est lui-même tyran. Chaque individu vit dans un état continuel de guerre; les grands combattent les petits et se combattent entr'eux : la victoire reste ordinairement à celui dont la gueule a le plus d'ouverture. Les poissons vivent donc de poissons ; la destruction des uns entretient la vie des autres : tel est le vœu de la nature. Pour l'accomplir, elle a accordé aux femelles une étonnante fécondité ; c'est, en effet, par millions que l'on peut compter les œufs qu'elles produisent chaque année. Ces œufs, attachés à un ovaire, s'en détachent à mesure que le temps du frai approche; ils se gonflent, deviennent plus apparens, et augmentent de volume jusqu'à ce que la femelle, obligée de se soustraire à leur pesanteur et aux effets de leur volume, les rejette au dehors.

Quant au mâle, il renferme une double glande qui s'étend dans la partie supérieure de l'abdomen, et en égale presque la longueur. Cette glande, peu développée avant le moment du frai, devient volumineuse et se remplit d'un liquide laiteux, auquel on donne le nom de laite : c'est la liqueur spermatique qui est destinée à la fécondation des œufs, mais qui s'opère sans copulation. Cependant les poissons mâles s'approchent de la femelle dans le temps du frai; il semble même qu'ils se frottent ventre

contre ventre : car le mâle se retourne quelquefois sur le dos pour rencontrer le ventre de la
femelle ; mais ce n'est que pour répandre la
liqueur fécondante sur les œufs que la femelle
laisse couler alors. Il semble que les mâles soient
attirés par les œufs plutôt que par la femelle ;
car si elle cesse de jeter des œufs, le mâle l'a-
bandonne, et suit avec ardeur les œufs que le
courant emporte ou que le vent disperse ; souvent même on le voit répandre la liqueur sur
les œufs, avant d'avoir rencontré la femelle.

Le temps qui précède le frai, et celui qui le
suit, sont pour les poissons des temps de ma-
laise et de langueur : ils sont pesans et peu actifs avant d'avoir lâché les œufs ou versé la
laite ; la plupart tombent, ensuite, dans la mai-
greur et la faiblesse.

Le poisson, à ces deux époques, a donc moins
d'aptitude à éviter les piéges des pêcheurs ; et
pendant la durée du frai, le filet est d'autant
plus destructeur, que le pêcheur expérimenté
ne manque pas de le tendre dans les endroits
que la femelle choisit ordinairement pour déposer ses œufs, et où elle est suivie par plusieurs
mâles.

Mais, quelles sont les circonstances qui précèdent et déterminent l'acte du frai dans les
diverses espèces de poissons ? Cet examen est
d'autant plus important, qu'il se rattache aux
dispositions les plus essentielles des lois qui ont
pour objet la conservation des espèces et le re-
peuplement des eaux.

Il faut d'abord regarder comme certain, que lorsque les œufs destinés à être fécondés commencent à acquérir un certain volume dans le corps de la femelle, et lorsque la glande laiteuse du mâle prend quelque degré d'accroissement, la nature fait connaître à l'un et à l'autre de nouveaux besoins. Soit que, dans cet état, les poissons recherchent une température différente de celle des eaux natales, soit qu'à raison de leur pesanteur il leur faille des eaux plus vives, soit enfin qu'une nourriture plus abondante leur devienne nécessaire, toujours est-il vrai, qu'à des temps marqués pour chaque espèce, l'émigration est générale. Les poissons voyageurs quittent les bords de l'Océan pour s'élever dans les fleuves et les rivières ; la truite abandonne les lacs pour remonter les cours d'eau qui les alimentent ; et le barbeau s'éloigne des bassins profonds, où il passe ordinairement sa vie, pour s'établir dans les courans supérieurs.

Tous les auteurs qui ont traité de l'histoire naturelle des poissons, sont tombés dans une grande erreur relativement aux époques de l'année où, pendant le cours de ces émigrations, le mâle verse la liqueur fécondante sur les œufs déposés par la femelle ; et cette erreur, de la part des naturalistes, ayant été partagée par les auteurs de nos règlemens sur la pêche, il en résulte, depuis plusieurs siècles, les conséquences les plus fâcheuses pour le peuplement des rivières. C'est ce que l'observation m'a mis à même de démontrer d'une manière évidente.

Je ferai d'abord remarquer qu'il en est des poissons comme des quadrupèdes ; les diverses espèces, dans l'un et l'autre de ces genres d'animaux, ne ressentent pas en même temps le besoin de se régénérer. De même que les chevreuils se recherchent en hiver, tandis que les chevaux ne se rapprochent que pendant l'été ; de même aussi, le temps du frai arrive avec le froid pour la truite, et avec les chaleurs pour la carpe et plusieurs autres espèces. Mais ce n'est point, comme on l'a cru jusqu'à présent, à des époques fixes de chaque année qu'arrive, dans les eaux, le moment de la reproduction ; il est déterminé par l'état de la température, qui varie suivant la latitude et la hauteur des lieux qu'arrosent les cours d'eaux. C'est cette dernière proposition qu'il importe de déveloper et de justifier par les faits. Consultons ceux qui ont rapport à la truite, que l'on peut regarder, à beaucoup d'égards, comme le plus précieux des poissons d'eau douce. Suivant quelques observateurs, elle commence à frayer au mois de septembre ; quelques autres fixent cette époque en octobre ou novembre ; d'autres en décembre et janvier ; d'autres enfin en février. Lorsqu'on examine cette différence dans les opinions, on ne peut s'empêcher de croire que le fait qui en est l'objet, dépend des circonstances relatives aux localités ; que l'époque indiquée par chaque naturaliste, est bien celle où la truite fraye dans le lieu où il a fait ses observations ; mais que, dans cette matière comme dans beaucoup d'autres, l'erreur vient de ce que chacun a tiré une conséquence générale d'un fait particulier et local.

Le frai de la truite commence avec les premiers froids : l'époque est plus ou moins avancée suivant la hauteur des lieux, et, à hauteur égale, suivant leur éloignement de l'équateur; car tout le monde sait que l'hiver se fait sentir beaucoup plutôt sur la cime des montagnes que dans les vallées, et dans les vallées que dans les plaines; on sait aussi que la même progression se remarque à mesure que l'on s'éloigne des pôles. Il résulte de là que le frai de la truite a lieu beaucoup plutôt à la source d'une rivière qu'à son embouchure, et que dans deux lacs éloignés l'un de l'autre, c'est le plus septentrional où le frai commencera plutôt. Ce que j'avance ici n'est point conjectural; c'est le résultat des observations que j'ai faites en divers temps et en divers lieux.

Par exemple, la truite fraye près des sources de la Garonne dès le mois de septembre, tandis qu'à Saint-Béat, dont l'élévation est de 502 mètres au-dessus du niveau de la mer, le frai ne se fait remarquer dans ce fleuve qu'en octobre ou au commencement de novembre, et environ un mois plus tard à Toulouse, qui n'est élevé que de 132 mètres.

Quant aux autres poissons d'eau douce, comme c'est le retour de la belle saison et une chaleur tempérée qui les disposent à l'acte du frai, le climat doit aussi influer sur l'époque de ce frai, mais dans un sens contraire à ce qui arrive à la truite, c'est-à-dire, que dans les lieux où l'hiver est plus court, ces poissons doivent frayer plutôt que dans ceux où les froids se prolongent jusqu'au printemps. C'est ainsi que les barbeaux se rapprochent plutôt dans la partie de la Garonne qui arrose nos plaines méridionales, que près de l'embouchure de la Seine.

Il en est de même des autres espèces, même de celles qui peuplent les mers. Le temps du frai n'est pas le même sur les bords de la Méditerranée et sur ceux de la Manche, et il varie dans l'une et l'autre de ces mers, suivant que le retour de la chaleur est plus ou moins avancé.

Lorsque, dans la suite de cet écrit, nous ferons l'examen de la législation de la pêche, on verra combien il est important d'avoir des connaissances exactes sur cette partie de l'histoire naturelle des poissons.

§. I.er

Poissons d'eau douce.

Nous ne classerons point ici les poissons d'eau douce d'après leurs caractères anatomiques; une telle classification nous menerait à présenter, par exemple, la carpe à côté du goujon, et nous éloignerait beaucoup du but que nous nous sommes proposé.

Comme

Comme nous écrivons dans des vues d'économie et d'intérêt public, il nous suffira de distinguer les poissons d'après l'intérêt que la société doit prendre à leur conservation dans les
rivières. Ainsi, nous comprendrons dans une
première division ceux qui se trouvent dans
un plus grand nombre de rivières ou ruisseaux,
qui y acquièrent un volume considérable, et
dont la chair est estimée. Dans la seconde division seront compris les poissons qui réunissent quelques-unes de ces qualités à un degré
inférieur ; et dans la troisième, les poissons
blancs et tous ceux qui, par leur petit volume
ou leurs autres propriétés, ne sont que d'un
faible intérêt.

Chaque division contiendra une courte description des espèces de poissons qu'elle renferme.
Nous ne négligerons point leur synonymie, et
nous indiquerons les ordres et les genres auxquels ils appartiennent dans la classification qu'a
adoptée *Daubenton*, d'après *Linné* (1).

_____

(1) Ces ordres sont au nombre de cinq ; au premier,
appartiennent les poissons *cartilagineux*, dont les nageoires
sont sans os et cartilagineuses, et les ouïes sans opercules ;
au second, les *apodes*, n'ayant point de nageoires inférieures ; au troisième, les *jugulaires*, dont les nageoires
inférieures sont devant celles de la poitrine ; au quatrième,
les *pectoraux*, dont les nageoires inférieures sont sous celles de la poitrine ; enfin, au cinquième ordre appartiennent les *abdominaux*, dont les nageoires inférieures sont
derrière celles de la poitrine.

_____

B

I.ʳᵉ DIVISION.

Renfermant la Truite, la Carpe, le Barbeau, la Brème et le Meunier.

LA TRUITE. *Trutta fluvialis*. RONDELET.

* Abdominaux.
** Corps allongé, écailleux.

CE poisson, qui ressemble beaucoup au saumon, a la bouche à l'extrémité du museau, la tête comprimée, deux nageoires dorsales, et des dents fortes aux mâchoires, au palais et à la langue.

Sa couleur, ordinairement cendrée, et ses jolies petites taches noires et rouges, varient beaucoup, suivant les saisons et les eaux qu'elle habite.

On trouve la truite dans presque toutes les contrées du globe ; elle aime une eau claire, qui coule avec rapidité sur un fonds pierreux. On la rencontre aux Pyrénées, dans des lacs tel que celui d'Espingo, qui sont élevés à près de 2000 mètres au-dessus du niveau de la mer.

La truite, suivant *Gesner*, peut disputer, pour la délicatesse du goût, la prééminence sur tous les poissons d'eau douce, aussi est-elle nommée, dans quelques contrées, le roi des poissons d'eau douce ; sa chair est tendre et ferme ; plus l'eau où elle a vécu est froide, plus son goût est agréable. Cette chair est de facile

digestion, et elle peut fournir une bonne nourriture aux estomacs faibles. La truite se nourrit
de petits poissons très-jeunes, de petits animaux
à coquilles, de vers et d'insectes. On la prend
ordinairement avec la truble, la louve, à la
ligne ou à la nasse. On l'amorce, soit avec une
mouche naturelle ou artificielle, soit avec le
ver de marécage. En temps de frai on la prend
fort aisément, même à la main.

Les truites contiennent moins d'œufs que
plusieurs poissons d'eau douce, et quoiqu'elles
se dévorent entr'elles, elles multiplient beaucoup, parce que la plupart des poissons voraces
vivent loin des eaux froides qu'elles préfèrent.

Il y a des truites d'eau douce que l'on appelle
improprement *saumonées*, parce que leur chair
a la même couleur que celle du saumon. Quelques recherches que j'aie faites pour reconnaître
la cause qui produit cette variété, elles ont été
infructueuses ; ce qui est certain, c'est que
dans les mêmes ruisseaux on trouve quelquefois
des truites dont la chair est jaune ou rougeâtre,
vivant avec le très-grand nombre de celles dont
la chair est blanche.

On ne peut pas supposer que les truites dont
la chair est rouge, soient des truites saumonées
venant de la mer. Quoique celles-ci remontent
facilement les courans, et qu'elles fassent souvent des sauts de 5 à 6 pieds pour franchir
les obstacles quelles rencontrent, il est difficile
de croire, par exemple, que les truites qui se
trouvent au lac d'Espingo, aient remonté deux

cascades, dont l'une tombe perpendiculairement de près de 400 mètres de hauteur.

Nous ne répéterons pas ce que nous avons dit plus haut sur le temps où les truites frayent.

L'OMBRE ou THYMALLE. *Salmo Thymallus*. Linn.

* Abdominaux.
** Corps allongé, écailleux.

Ce poisson habite les mêmes eaux que la truite, avec laquelle il a beaucoup de rapport; il a néanmoins la tête plus longue et la bouche plus petite; sa tête est de couleur brune; les opercules des branchies sont d'un vert luisant. Le dos est d'un vert foncé, tirant sur le bleu, et les côtes sont d'un gris argenté. Ce poisson a rarement plus de 16 pouces de long. Les ombres sont plus agiles et font des sauts plus hardis que la truite. En automne, ils se retirent dans des trous profonds, et se tiennent tranquilles et tapis les uns contre les autres pendant tout l'hiver. Ils ne commencent à devenir actifs et à frayer qu'au printemps; alors, et pendant tout l'été, ils font la chasse à toutes les espèces de mouches, dont ils sont très-friands, et qu'ils trouvent sur les bords et vers les sources des torrens. La chair de l'ombre est blanche, sèche et de bon goût. Saint Ambroise le nommait la fleur des poissons.

LA CARPE. *Cyprinus Carpio.* Linn.

* Abdominaux.
* * Mâchoires sans dents.

Ce poisson a la tête courte, de forme coni-
que, mais aplatie en dessous; son dos, fort
arqué, est garni d'une seule nageoire, terminée
dans la partie supérieure par un os solide et
pointu, que l'on nomme scie, parce que la
pointe de cet os qui dépasse la nageoire est
armée de dents : la carpe ne fait point un
usage habituel de cette nageoire; elle est ordinairement pliée sur le dos, et ne se développe
que lorsque le poisson, menacé par le danger,
veut donner à sa course un mouvement prompt
et rapide. Quant à la scie, c'est une arme dé-
fensive qu'il oppose à la voracité de ses ennemis,
mais qui lui devient funeste lorsqu'il se trouve
engagé dans les filets. Les lèvres de la carpe sont
jaunes, fortes et garnies de deux barbillons,
accompagnés de deux autres plus petits placés
près du nez. Le mouvement que la carpe donne
à ses lèvres, soit pour manger, soit pour aspi-
rer l'air, occasionne un bruit que l'on entend,
notamment pendant la nuit.

La chair de ce poisson, l'épaisseur de sa
peau, la forme de son corps, la couleur de ses
écailles, varient suivant la qualité et le volume
des eaux dans lesquelles il vit. Si la carpe habite
des lacs, des étangs considérables, dont le fonds
soit argileux et le bord couvert de plantes

B 3

aquatiques, dont les feuilles, s'étendant paral-
lèlement au niveau de l'eau, lui procurent de
l'ombre, elle croît très-promptement, son corps
est bien nourri, sa peau est fine et de couleur
de chair, et elle produit, suivant son sexe,
une grande quantité d'œufs et de laite. Mais si
elle habite des eaux de peu d'étendue, sa queue
s'allonge et s'aplatit, sa peau devient épaisse
et prend une couleur noire, et la matière du
frai est peu abondante.

Les carpes passent l'hiver dans les lieux peu
accessibles aux fortes gelées, tels que les marais
et les fonds vaseux garnis de plantes aquatiques. Au retour de la belle saison, elles sortent
de leurs retraites et se réunissent pour voyager;
elles s'arrêtent de temps en temps dans les endroits les plus profonds, s'approchent de la
surface de l'eau, et dorment pendant la chaleur du jour. Lorsqu'elles ont rencontré quelque rivage où commencent à croître les herbes,
tels que le nénufar et la renoncule d'eau, elles
y déposent leur frai, et c'est là qu'elles séjour-
nent jusqu'au moment où les premières pluies
de l'automne les avertissent qu'il est temps de
changer d'asile.

On ne sait si quelques carpes frayent deux
fois l'année, mais il est certain que l'on trouve
beaucoup d'œufs au commencement du printemps, et que l'on en voit aussi quelques-uns
vers le milieu du mois d'août.

Il est très-difficile de faire avec succès la pêche de la carpe. Ce poisson a l'œil très-perçant

et l'ouïe très-fine ; s'il entend un moindre bruit,
s'il aperçoit quelque corps étranger , un mouvement combiné de sa queue et de sa nageoire
dorsale, le transporte à une longue distance,
ou bien il s'enfonce dans la vase où il brave le
filet ; et si l'adresse du pêcheur parvient à envelopper la carpe dans ses rets, il arrive souvent
qu'elle se sauve en les franchissant.

Les carpes sont remarquables par leur lon-
gévité. M. de Buffon parle de carpes âgées de
150 ans, vivant dans les fossés de Pont-Char-
train. Elles acquièrent, en vieillissant, une
grosseur prodigieuse. On croit que dans l'espace d'un an une jeune carpe s'allonge de deux
ou trois pouces.

Ce n'est qu'à l'âge de huit ou neuf ans que
les femelles commencent à frayer ; elles portent
une quantité prodigieuse d'œufs : on en compte
jusqu'à trois millions dans une carpe de 16 pouces de longueur. On prend les carpes avec
toute sorte de filets. On jette, pour les attirer
dans les endroits où l'on veut pêcher , des
graines, du sang et des vers coupés en morceaux, le tout mêlé ensemble avec du limon.
Les hains doivent être amorcés avec des vers
rouges, qui se trouvent sous le tan , entre les
racines des joncs ou au fond des marais. En
temps de frai on prend facilement les carpes
avec la cage ou la mue ; mais la pêche la plus
avantageuse est celle qui se fait aux filets,
lorsqu'avec les pluies de l'automne les carpes
voyagent dans les courans d'eau trouble pour

aller chercher la retraite où elles doivent passer l'hiver.

LE BARBEAU. *Ciprinus Barbus.* LINN.

* Abdominaux.
* * Mâchoires sans dents.

CE poisson se distingue particulièrement par le prolongement de sa mâchoire et par ses barbillons, qui sont plus prononcés que ceux de la carpe; son corps est allongé et cylindrique; sa forme approche un peu de celle du brochet; sa couleur est olivâtre sur le dos, argentée sur le ventre. Le barbeau habite tous les pays méridionaux de l'Europe, et se plaît dans les eaux rapides qui coulent sur un fonds de cailloux; mais il ne suit la truite, dans les torrens, que jusqu'à la hauteur d'environ 400 mètres au-dessus du niveau de la mer. Les barbeaux aiment à se cacher parmi les pierres et sous les rives avancées. Lorsqu'ils trouvent des bassins profonds et pierreux, ils s'y rassemblent au nombre de 12 ou 15, et quelquefois de 100 individus; ce sont ces sortes d'associations auxquelles les pêcheurs donnent le nom de *nichées.* Ces poissons se nourrissent de plantes aquatiques, de limaçons, de vers et de petits poissons.

Le barbeau est, de tous les poissons, celui qui donne le plus facilement dans les piéges qu'on lui tend. Il est tellement engourdi, que les pêcheurs, pour le *dénicher*, sont obligés de mettre des corps sonores dans la partie inférieure des filets mobiles qu'ils emploient pour

le pêcher ; on le prend aussi avec la fouane,
le harpon, l'épée, à la nasse, et à la ligne dormante, amorcée avec des vers ou du fromage
nouveau, coupé en petits morceaux. Si la surface de la rivière vient à se geler, les barbeaux se
rassemblent assez fréquemment auprès des trous
qu'on pratique dans la glace. Lorsque les premières chaleurs de l'été les disposent à la génération, ils remontent les rivières et déposent
leur frai sur des pierres, aux endroits où l'eau
a une grande rapidité.

LA BRÈME ou BRAME. *Ciprinus latus.*
RONDELET.

* Abdominaux.
** Mâchoires sans dents.

LA figure de ce poisson est celle d'une losange,
dont les angles sont arrondis ; il a la tête petite,
le corps plat et couvert de grandes écailles ; le
dos est d'un bleu noirâtre ; son poids ordinaire
est de trois à quatre livres : on en a vu qui pe-
saient jusqu'à douze et quatorze livres ; mais on
trouve rarement des brèmes de ce poids, parce
que ce poisson est très-facile à prendre ; la chair
en est blanche, molle et de bon goût : elle est
plus estimée que celle de la carpe. Les brèmes
se réunissent en troupes, dans les joncs et autres plantes aquatiques, où elles vivent de bonne
intelligence avec les carpes ; elles fraient aux
mêmes époques, et les unes comme les autres
bondissent et sautent hors de l'eau à l'approche

des mâles. Le frai des brèmes s'opère en trois
fois : les plus grosses commencent, les moyen-
nes viennent ensuite, et enfin les plus petites.
Il paraît qu'en hiver les brèmes se séparent des
carpes pour voyager dans les eaux courantes,
et qu'elles se retirent volontiers dans les anses
des rivières que couvrent les grandes crues d'eau.
On prend la brème à la louve, à la nasse et au
colleret ; en hiver on la pêche, sous la glace,
avec la seine. Les meilleurs appâts sont les vers
rouges, les vers de marais et de prairie. Les
pêches les plus considérables se font sous la glace.

LE MEUNIER. *Ciprinus Cephalus.* Linn.

* Abdominaux.
* * Mâchoires sans dents.

Le meunier est un poisson de grande rivière ;
il nage avec rapidité, et peut ainsi éviter la
poursuite du brochet et des autres poissons voraces ; il parvient à une grosseur assez considérable : on en prend qui pèsent huit à dix livres ; il multiplie beaucoup, mais il croît lentement : un jeune meunier d'un an a à peine
trois pouces de long.

Il est ainsi nommé, soit parce qu'on le trouve
communément près des moulins, soit parce
qu'il est de couleur blanche, notamment sous
le ventre ; sa tête, qui est fort grosse en proportion de son corps, lui fait aussi donner les
noms de *tétard* et de *mulet ;* on l'appelle aussi
vilain, parce qu'il se plaît dans les endroits fan-

geux et remplis d'ordures. Ce poisson, qui est connu en Languedoc sous le nom de *cabot*, se nomme dans d'autres endroits *chevesne*, *chouan*, *majon*.

Sa chair a un goût fade, elle est blanche et remplie d'arêtes; la pêche se fait à la ligne, que l'on amorce avec des grillons.

II.ᵉ Division.

Comprenant la Perche, le Gardon et la Tanche.

LA PERCHE. *Perca fluviatilis.* LINN.

* Pectoraux.
** Corps comprimé allongé.

CE beau poisson est d'un vert doré et marqué de raies noires; ses écailles sont très-petites et dures; son corps est gros et massif. Les nageoires ventrales sont d'une belle couleur d'écarlate; celles de l'anus sont d'un rouge moins éclatant, ainsi que sa queue fourchue. Les nageoires dorsales sont, comme celles de la carpe, armées d'épines très-piquantes, même venimeuses, que les pêcheurs exercés ont grand soin d'éviter. Ces nageoires, en se déployant, donnent à la perche le moyen de se soustraire aux poursuites de ses ennemis en parcourant de grandes distances, même hors de l'eau.

Les grosses perches opposent aux brochets la dureté de leurs écailles et les pointes de leurs

nageoires : ces défenses sont inutiles aux petites ; cependant le brochet et l'anguille ne peuvent les avaler qu'en les prenant par la tête.
Les perches croissent lentement : il arrive rarement que leur poids excède deux livres ; elles
ont la vie extrêmement tenace ; leur chair est
blanche, ferme et de bon goût.

On trouve ce poisson dans presque toutes les
parties de l'Europe ; il fréquente les rivières
claires et rapides, dont le fonds est graveleux,
sablonneux ou argileux. Quoiqu'il semble pré-
férer les eaux peu profondes, il s'en trouve
néanmoins dans quelques lacs ; mais il remonte
les rivières et les ruisseaux lorsqu'il doit frayer :
ce n'est qu'à l'âge de trois ans que l'on trouve
des œufs dans les femelles. Le temps du frai
arrive ordinairement en avril et mai ; mais il
est retardé dans les eaux profondes, qui ne re-
çoivent que lentement l'influence des premières
chaleurs.

Les perches vivent de petits poissons : elles
poussent la voracité jusqu'à s'entre-dévorer ; et
comme les petites évitent les grosses, les unes
et les autres marchent isolément : aussi arrive-
t-il rarement que l'on en prenne plusieurs à la
fois ; mais comme elles n'ont point de marche
déterminée, on ne fait guère la pêche aux autres poissons sans en trouver quelques-unes.

On pêche ce poisson au filet, au colleret, au
tramail, et à la ligne, que l'on amorce avec
un petit poisson, un ver de terre ou une
écrevisse.

LE GARDON. *Leucisci species prima.*
ENCYCLOP.

*Abdominaux.
Corps allongé écailleux.

LE gardon, connu en Gascogne sous le nom de *siége*, est un poisson dont les écailles sont semblables à celles du meunier ; il a le corps large, le dos bleu, la tête verdâtre, le ventre blanc et les yeux grands : sa chair est molle et peu nourrissante. Les jeunes familles de gardon se nomment *roussaille* ou *blanchaille.* Ce poisson est très-alègre et léger : il donne difficilement dans les piéges des pêcheurs. En parlant d'un homme vif et dispos, on dit communément qu'il est sain comme un gardon. On le trouve dans toutes les eaux douces, mais sur-tout dans celles qui conviennent à la carpe et à la brème. Il sert de nourriture aux poissons voraces ; aussi trouve-t-on rarement des gardons d'une certaine grosseur, dans les eaux qu'habitent le brochet, la perche et l'anguille. Ce poisson reste ordinairement fort petit. Mais il paraît qu'il en existe de deux espèces : celle que l'on distingue sous le nom de gardon-brème, devient plus grosse que l'autre ; on la nomme ainsi, parce que, par sa couleur et par sa forme, elle a des rapports avec la brème ; c'est sans doute cette espèce qui se trouve dans la Garonne, où l'on en pêche qui pèsent jusqu'à trois livres. C'est au printemps que fraie le gardon.

LA TANCHE. *Ciprinus tinca.* Linn.

* Abdominaux.
** Mâchoires sans dents.

La teinte vert-noirâtre de ce poisson le distingue des précédens ; il a les écailles très-petites, la peau épaisse et le corps très-muqueux ;
la gorge est blanche, et à chaque coin de la
bouche on trouve un petit barbillon. L'anguille
est l'ennemi le plus redoutable de la tanche,
parce que l'une et l'autre habitent la vase ; c'est
par cette raison que l'on trouve de très-belles
tanches dans les étangs peuplés de perches et
de brochets.

Il y a des tanches dans presque toutes les
parties du globe ; elles habitent les étangs, les
lacs, les marais, les eaux stagnantes et vaseu-
ses ; elles passent aussi quelquefois dans les rivières : elles mangent les petits poissons. A l'approche du temps de frai, elles cherchent les
places couvertes d'herbes ou de joncs pour y
déposer leurs œufs. Elles se nourrissent des
mêmes substances que les carpes. On les amorce
avec du pain bis et du miel, avec des vers de
marais et de jardin. Les tanches fraient à différentes époques de l'année, depuis le mois d'a-
vril jusqu'au mois de septembre. On les pêche
avec toute sorte d'engins ; mais on en prend
rarement avec la seine, parce qu'elles ne fré-
quentent guère les grandes eaux.

III.e DIVISION.

Comprenant le Brochet, la Vandoise, le Goujon, le Veron, l'Anguille, la Loche, la Lote, l'Able, le Lamprillon, l'Epinoche, etc.

LE BROCHET. *Esox lucius.* LINN.

* Abdominaux.

** Corps allongé, tête aplatie.

LE dos de ce poisson est noir, son ventre est blanc tacheté de noir, la nageoire dorsale est courte et placée à l'extrémité du corps, les mandibules sont armées de dents alternativement mobiles ou fixes : la mâchoire supérieure n'en a qu'une rangée. Le palais est garni de plus de 700 dents, sur trois rangées longitudinales ; cette grande quantité de dents ne paraît cependant servir au brochet qu'à saisir sa proie, car les plus gros poissons, comme les plus petits, se trouvent entiers et sans être déformés dans son estomac : mais ces dents sont quelquefois fatales au pêcheur imprévoyant. La morsure du brochet occasionne une douleur vive, fait couler beaucoup de sang, et la cicatrice qui en résulte paraît toujours. La chair du brochet est très-délicate ; comme elle n'est pas grasse, elle est facile à digérer, et convient aux personnes faibles et valétudinaires, sur-tout quand ce poisson est petit.

Si l'on considère dans le brochet la délicatesse

de sa chair et la grosseur qu'il acquiert rapidement, on devra être étonné que nous l'ayons relégué dans la classe des poissons qui présentent le moins d'intérêt. Ce poisson est, en effet, très-précieux dans les étangs, tels que ceux du Berry, où il règne presque exclusivement; mais dans les rivières où il habite avec d'autres poissons estimés, sa présence est plus nuisible qu'elle n'est avantageuse. C'est le requin des eaux douces : féroce, insatiable dans ses appétits, il dévore tout ce qui l'entoure; et comme cet animal est un de ceux auxquels la nature a accordé le plus d'années, c'est pendant des siècles qu'il effraie, agite, poursuit et détruit.

On trouve ce poisson dans presque toutes les contrées de l'Europe : toutes les eaux douces lui conviennent; il habite les fleuves, les rivières, les lacs et les eaux dormantes : il se plaît dans les joncs et parmi les herbes marécageuses. Il paraît que les brochets ne fraient pas tous à la même époque; quelques-uns pondent ou fécondent les œufs dès la fin de février, d'autres ne le font qu'au printemps ou au commencement de l'été. Ceux qui habitent les lacs, remontent dans les rivières pour y déposer leur frai.

Pour pêcher le brochet, on emploie le trident, la ligne, le colleret, la truble, l'épervier, la nasse et la louve.

Un gros brochet qui a donné dans un filet, y fait quelquefois une trouée avec ses dents; quelquefois il se maille, ou il se prend par le milieu du corps en essayant de forcer le passage.

Lorsqu'il

Lorsqu'il est cerné, il nage à la surface de l'eau, et au moment où il se voit rapproché de la rive, il saute par-dessus le filet, quelquefois à près de trois pieds de haut, en parcourant une ligne proportionnée à cette élévation.

On donne le nom de brochetons aux très-petits brochets, celui de *lancerons* ou *lançons* aux brochets d'une taille médiocre, et celui de brochets-*carreaux* à ceux qui sont très-gros.

On lit dans les Mémoires de l'Académie de Stockolm, qu'un brochet, mesuré et pesé à différens âges, a présenté les poids et les longueurs suivantes :

A 1 an		....	1 once ½ de poids.
2 ans	10 pouces de long.		4 onces.
3	16	....	8.
4	21	....	20.
6	30	....	48.
13	48	....	320.

LA VANDOISE. *Cyprinus leuciscus.* LINN.

* Abdominaux.
** Corps allongé, mâchoires sans dents.

CE poisson, auquel on donne aussi le nom de *dard*, à cause de la rapidité de sa course, est connu en Languedoc sous celui de *sophie* ; à Lyon, sous celui de *suiffe*. Il a le corps moins large et le museau plus pointu que le gardon ; son dos est rond et de couleur brune, tirant sur le vert : cette couleur devient plus foncée dans le temps de frai ; les flancs sont jaunâtres et le ventre est de couleur argentine ; la queue

C

est fendue profondément. Ce poisson ne parvient communément qu'à la longueur de quatre à cinq pouces ; il aime une eau pure et courante, et se tient ordinairement à sa surface : il vit de cousins et de vers. Il multiplie beaucoup, quoiqu'il ait des ennemis puissans, tels que le brochet et la perche. On le pêche ordinairement avec des filets ; mais dans le temps de frai, qui arrive au printemps, on le prend avec des nasses couvertes d'herbages. Sa chair est désagréable, à cause de la quantité de petites arêtes dont elle est traversée. Ce poisson, peu estimé, est cependant fort utile ; dans les rivières il sert de nourriture aux poissons voraces, et contribue ainsi à la conservation des espèces plus précieuses.

LE GOUJON. *Ciprinus gobio.* Linn.

* Abdominaux.
** Mâchoires sans dents.

La forme de ce petit poisson approche de celle du barbeau : il est cylindrique ; sa gueule ronde est accompagnée de petits barbillons.

Le goujon est connu, dans quelques départemens de la France, sous le nom de *goiffon* ou de *vairon*. Il n'est étranger à aucune partie de l'Europe ; les eaux qui reposent mollement sur un fonds sablonneux et sans mélange, sont celles qu'il préfère. Sa chair est blanche, très-bonne au goût et de facile digestion. Les goujons se réunissent en troupes pendant l'été ; on en trouve une très-grande quantité au fond des eaux échauffées par le soleil, sur-tout lorsqu'elles ne sont agitées par aucun vent. Ceux qui passent l'hiver dans les lacs, en sortent au printemps pour remonter les rivières, où ils déposent sur des pierres la laite et les œufs. Le goujon vit de plantes, de vers et de jeune frai. On le prend à la ligne, avec la seine à petite maille et au carrelet.

Il y a une espèce de goujon, que l'on appelle gobis ou tétard de rivière.

On pêche dans le Rhône un petit poisson appelé lapron, qui a beaucoup de rapport avec le goujon.

LE VERON ou VAIRON. *Pisciculus varius.*
Rond.

* Abdominaux.
** Mâchoires sans dents.

Le nom de ce petit poisson paraît dériver du mot latin *varius*, à raison des diverses couleurs dont est parée sa peau unie et tachetée de noir : l'or brille sur son dos, l'argent sur son ventre et le pourpre à ses côtés. Il confie ses œufs aux rivages des rivières et des ruisseaux. Comme il aime la chaleur, il se tient ordinairement près de la surface de l'eau. Sa chair est blanche, tendre, fine et de très-bon goût. On le pêche avec de petits filets et à la ligne. Il meurt bientôt après être sorti de l'eau. Sa plus grande utilité est de servir de nourriture aux autres poissons.

L'ANGUILLE. *Murœna anguilla.* Linn.

        * Apodes.
      ** Corps allongé et cylindrique.

Ce poisson est au nombre des murènes (1), dont le caractère est d'avoir les ouvertures des branchies près de la poitrine. Les plis qu'il forme en s'agitant le font comparer au serpent; ses nageoires dorsales et caudales sont réunies; sa peau est molle et visqueuse.

Il y a des anguilles de plusieurs espèces, qui diffèrent par la forme et par la couleur : la plus estimée est celle que l'on nomme charbonnière; cette espèce a la tête grosse et courte, le dos d'un vert très-foncé, le ventre de couleur argentée. Elle devient fort grosse et fort grasse; mais son corps est peu allongé.

Une seconde espèce a le dos d'un vert moins foncé, le ventre blanc, le corps plus allongé et le museau pointu : elle acquiert une grosseur prodigieuse.

La troisième espèce diffère particulièrement des premières, en ce qu'elle a le ventre jaune; elle acquiert peu de volume, sa chair est peu estimée : c'est celle que l'on rencontre le plus rarement.

Le fluide aqueux qui recouvre le corps de l'anguille, garantit ses branchies d'un prompt

---

(1) Ce mot vient d'un mot grec qui signifie *couler*, *s'é-chapper*, et désigne cette faculté de l'anguille et des autres poissons du même genre.

dessèchement : c'est par cette raison qu'elle peut vivre long-temps hors de l'eau. Par une consé-quence de cette faculté, il lui arrive quelque-fois de s'éloigner de l'eau, pour aller chercher dans les prés quelques petits vers et même quel-ques végétaux : c'est ordinairement pendant la nuit qu'ont lieu ces excursions. Pendant le jour, la murène anguille se tient presque toujours dérobée aux yeux de ses ennemis; elle se creuse, avec son museau, une retraite dans la terre molle du fond des lacs et des rivières; et cette espèce de terrier, dont elle ne se sert que pen-dant la nuit, a deux ouvertures, de manière que si la murène est attaquée d'un côté elle peut s'échapper de l'autre.

Les circonstances qui précèdent et accom-pagnent la naissance de l'anguille, ont long-temps échappé à l'observation : la nature sem-ble avoir jeté un voile sur les moyens qu'elle emploie pour la régénération de ce poisson. *Aris-tote* a pensé qu'il était produit par la fange sur laquelle on le voit frétiller en naissant. *Pline* et quelques naturalistes modernes ont partagé cette erreur, contre laquelle s'élèvent les faits les mieux constatés, et les résultats les plus sûrs des recherches anatomiques.

L'anguille, selon M. *de Lacepède*, vient d'un véritable œuf comme tous les poissons : l'œuf éclot le plus souvent dans le ventre de la mère, comme celui des raies. Lorsque les anguilles mettent bas leurs petits, communément elles reposent sur la vase du fond des eaux.

Il est certain que c'est au printemps que s'opère cette génération, dont les circonstances sont très-remarquables; au lieu qu'à l'approche de la belle saison, les autres poissons remontent des embouchures des fleuves vers les points les plus élevés des rivières pour y déposer leur frai ; la plupart des anguilles vont des lacs dans les fleuves qui y prennent naissance, et des fleuves vers les côtes de la mer, où elles entrent quelquefois : ce sont vraisemblablement les crues d'eau, occasionnées par les pluies de l'automne, qui les font ainsi sortir de leurs demeures ordinaires et les entraînent vers la mer. Peut-être, aussi, un instinct particulier détermine-t-il cette migration périodique. Quoiqu'il en soit, c'est près des bords de la mer qu'elles déposent leur frai ; car chaque année, à une époque plus ou moins reculée, suivant l'état de la température, on voit, à l'embouchure des fleuves, monter, avec la marée, des bancs d'anguilles nouvellement écloses ; elles suivent les rivages, pressées les unes contre les autres, et ne se dispersent que lorsqu'elles sont parvenues à une certaine hauteur, après avoir quitté les eaux salées. Dans le département de la Loire-Inférieure, on donne à ces petites anguilles le nom de *ci-velles*. Le peuple s'en nourrit, et les prend avec des tamis de crin, des casseroles et des passe-purées. La pêche en est si abondante, que l'on fait de ces petits poissons des provisions pour l'hiver.

Quant aux grosses anguilles, on les prend,

soit avec des lignes de fond , soit avec des lignes dormantes , dont les hains sont garnis de moules , d'autres crustacés ou de jeunes éperlans. En automne, lorsque les crues d'eau entraînent les anguilles vers la mer , on peut en faire une pêche très-abondante avec des filets à petites mailles , tels que les carrelets et les haveneaux , que l'on oppose au courant en les tendant au moyen de plusieurs bateaux amarrés et ancrés. On peut aussi faire cette pêche avec la seine à petites mailles , que l'on tend avec un petit batelet au-dessous des bateaux amarrés ; mais il est indispensable que cette seine ait une poche nommée draguel ou draguet, sans laquelle on ne parviendrait pas à amener les anguilles sur les bateaux. Il faut observer qu'il est rare de prendre les anguilles à la seine , à moins qu'elles ne soient très-grosses ; les autres passent la queue dans les mailles et parviennent à se dégager en brisant le fil par leurs efforts.

La pêche des anguilles est très-importante , et doit être d'autant plus favorisée, qu'en toute saison elle présente de grandes ressources à la consommation. On conserve les anguilles , soit en les salant , soit en les fumant : on vide les grosses , et on les renferme ensuite dans leur peau pour les fumer.

LA LOCHE. *Cobites fluviatilis.* Rond.

* Abdominaux.
** Corps allongé, lisse.

Ce petit poisson, long de 4 à 5 pouces, a la forme presque cylindrique; il est couvert d'une matière gluante, sous laquelle sont des écailles petites, fines et molles. Sa mâchoire supérieure est accompagnée de trois paires de barbillons; mais on le distingue particulièrement à la pointe fourchue qu'il a de chaque côté de la tête, assez près de l'œil. Ce poisson vit dans les ruisseaux et au bord des rivières, où il se tient sur le gravier et entre les pierres.

La motelle est une espèce de loche.

LA LOTE. *Mostella fluviatilis.* Gesner.

* Jugulaires.
** Corps allongé.

Ce poisson a deux nageoires dorsales; ses deux mâchoires sont égales : l'inférieure a un barbillon; son corps, enduit d'une liqueur visqueuse, est marbré de noir et de jaune. C'est un poisson de lac et de rivière, qui ne se trouve qu'à de grandes distances de la mer; il a le corps moins long et moins épais que la mostelle de mer. Il se cache dans les trous et sous les pierres pour guetter les petits poissons à leur passage. Le temps de frai de ce poisson est en décembre et janvier : il multiplie beaucoup. Sa chair est blanche et de bon goût. On le prend à la ligne flottante et à la ligne de fond. La barbote est une espèce de lote.

L'ABLE ou ABLETTE ou MULETTE d'eau
DOUCE. *Alburnus.* Rond.

* Abdominaux.
** Mâchoires sans dents.

Ce petit poisson, long de 5 à 6 pouces, est
très-large, tout blanc, excepté sur le dos, où sa
couleur est bleuâtre ; il a quelques rapports
avec la sardine, par sa forme, sa couleur et
ses écailles ; aussi les pêcheurs l'appellent-t-ils
la sardine des rivières. Il fréquente, tantôt les
eaux profondes et tranquilles, tantôt les eaux
vives et les torrens. On fait de ses écailles, ainsi
que de celles de la vandoise, des perles artifi-
cielles. Quand ce poisson est gros, il est d'assez
bon goût. Comme il a beaucoup d'arêtes, il n'y
a que les gens du peuple qui l'achètent.

Ce poisson multiplie beaucoup. Il sert à appâter les lignes que l'on tend pour prendre les
anguilles : les plus petites ablettes sont les meil-
leures pour cet usage. On les prend, pendant
toute l'année, au filet et à la ligne. En hiver,
on en prend une grande quantité sous la glace
avec des verveux ; et au printemps avec des
nasses d'osier. Le frai a lieu au printemps.

LE LAMPRILLON ou LAMPRION. *Petro-*
myzon, branchialis. Linn.

* Cartilagineux.
** Corps allongé, deux lobes à la bouche.

Le lamprillon n'a pas plus de 6 à 7 pouces
de long ; le corps est rond, annelé et pointu

aux deux extrémités , comme celui du ver de terre. Le dos est verdâtre ; les côtés sont d'un beau jaune rougeâtre , et le ventre est blanc. Il vit de vers et d'insectes aquatiques. Il a la vie très-dure. Le lamprillon est une espèce de lamproie qui ressemble à la lamproie de mer ; mais on le trouve dans les ruisseaux et les rivières , où il ne paraît pas qu'il puisse être venu de la mer. On le prend à la truble et à la nasse.

L'EPINOCHE. *Gasterosteus aculeatus.* LINN.

* Pectoraux.
* * Corps allongé et comprimé.

CE petit poisson, blanc et sans écailles, porte au dos trois aiguillons ; il a la forme d'une graine d'épinard. Il est très-commun dans les étangs et dans les eaux vives et dormantes, où il sert de nourriture aux gros poissons ; il devient long de 2 ou 3 pouces ; il fraye en avril et juin ; il pond très-peu d'œufs , et ne vit que deux ou trois ans.

LE CHABOT. *Cottus gobio.* LINN.

* Pectoraux.
* * Corps cylindrique , allongé.

CE poisson se distingue , de tous les autres poissons de rivière, par la grosseur de sa tête, et par la matière visqueuse qui lui couvre tout le corps. Il est aussi remarquable par deux piquans crochus qu'on trouve à chaque opercule de ses ouïes. Il habite les ruisseaux dont l'eau est pure et qui coulent sur un fonds de cailloux. Il parvient à la longueur de 4 à 5 pouces. Il est si vorace, qu'il n'épargne pas sa propre espèce; mais il a des ennemis redoutables dans le brochet, la perche et la truite. On prend ce poisson avec de petits filets, des nasses et à la ligne. Sa chair est de bon goût et fort saine.

§. II.

Poissons voyageurs.

Quelques espèces de poissons, ainsi que nous l'avons déjà dit, naissent dans les eaux douces, vont passer l'hiver dans la mer, qu'ils quittent au printemps pour aller frayer dans les fleuves et les rivières. Ces poissons sont, les uns, de l'ordre des abdominaux, tels que l'alose, le saumon, la truite saumonée et l'éperlan; les autres, de l'ordre des cartilagineux, tels que l'esturgeon et la lamproie.

L'ALOSE. *Clupea Alosa.* Linn.

* Abdominaux.
** Ventre tranchant.

L'alose est connue dans quelques parties du Midi sous le nom de *coulac* ou *cola;* elle ressemble au hareng, mais elle en diffère particulièrement par les lames qui garnissent les bords de son ventre : elle est d'ailleurs plus longue et plus large; son poids ordinaire est de

quatre livres; son museau est fourchu; elle a
des taches noires sur les côtés. On rencontre ce
poisson dans les mers du Nord, comme dans la
Méditerranée. Les aloses vont en troupes et à
fleur d'eau; on en fait la pêche avec des lignes
de fond et des nasses; mais le plus souvent
avec de grandes seines qu'on traîne avec de petits bateaux. Cette pêche est fort avantageuse
dans la Loire, la Moselle et près de l'embouchure de la Seine. *Rondelet* dit en avoir vu
prendre plus de 1200 d'un coup de filet dans
l'Allier. Ce poisson de mer remonte les rivières
au printemps; il dépose son frai au fond des
eaux les plus rapides; et vers l'automne il retourne à la mer. Quand il en sort, il est maigre et de mauvais goût; plus il reste dans les
rivières, plus il engraisse; il se nourrit de vers,
d'insectes et de petits poissons. Il a pour ennemis le brochet et la perche, qui font un grand
dégât des petits.

LE SAUMON. *Salmo salar.* LINN.

* Abdominaux.
* * Corps allongé, écailleux.

C'EST un des poissons les plus gros, les plus
abondans et les plus utiles; il est couvert de
petites écailles rondes; il a le dos d'un bleu
obscur, et le ventre d'une couleur blanche argentée; les mâchoires et la langue sont garnies de dents longues et aiguës; sa chair est
rougeâtre.

Les saumons naissent dans l'eau douce et croissent dans la mer ; ils passent ensuite l'été dans les rivières et l'hiver dans la mer. C'est dans l'Océan septentrional qu'ils se trouvent en plus grand nombre et qu'ils acquièrent les plus fortes dimensions. On n'en trouve point dans la Méditerranée ni dans les eaux d'aucun autre climat chaud. Le saumon remonte les rivières, quelquefois à une centaine de lieues, pour frayer. Dans les pays tempérés de l'Europe, cette émigration a lieu dès les mois de février et de mars ; tandis que dans le Nord, par exemple en Suède, elle est retardée jusqu'au mois de juillet. Les saumons voyagent en troupes ; ils entrent ordinairement dans les fleuves sur deux rangs, qui forment les deux côtés d'un triangle, dans l'ordre suivant : c'est une des plus grosses femelles qui ouvre la marche : d'autres grosses femelles la suivent ; les gros mâles viennent ensuite ; ce sont les plus petits qui ferment la marche. Ces poissons font beaucoup de bruit en nageant, en sorte qu'on les entend de loin lorsqu'ils s'avancent. Si le saumon trouve dans sa marche quelque digue ou cascade, il la franchit : après s'être appuyé sur quelques grosses pierres, il tient sa queue dans la bouche et forme ainsi un cercle ; ensuite remettant avec vîtesse son corps dans sa longueur ordinaire, il frappe avec force sur l'eau, et s'élève ainsi à 5 ou 6 pieds. Si celui qui ouvre la marche saute heureusement, les autres le suivent. Les saumons se plaisent particulièrement dans les rivières rapides, dont le fond est rocailleux, et où il n'y a pas de vase; ils vivent d'insectes, de vers et de jeunes poissons. On donne le nom de saumonneaux aux saumons qui n'ont pas atteint l'âge de deux ans; celui de tacons à ceux qui finissent leur troisième année. Ils croissent si rapidement, qu'à l'âge de cinq à six ans ils pèsent dix à douze livres. On les prend avec de grands filets, dans des parcs, des caisses grillées, des nasses et à la ligne.

TRUITE SAUMONÉE. *Salmo trutta.* LINN.

* Abdominaux.
** Corps allongé, écailleux.

LA truite saumonée est ainsi appelée, à cause de sa ressemblance avec la truite et le saumon. Son dos est d'une belle couleur verdâtre, mêlée de bleu, et sa chair est rouge comme celle du saumon. La truite saumonée ne diffère à l'intérieur de ce dernier poisson, que parce que ses vertèbres et ses côtes sont plus nombreuses. Elle parvient à la grosseur d'un saumon médiocre : on en trouve de huit à dix livres; elle est tachetée comme les truites, et fraye comme elles en hiver. Elle habite, comme le saumon, tantôt les mers, tantôt les fleuves; mais elle ne quitte pas la mer de si bonne heure que le saumon : elle en sort rarement avant le mois de mai.

On a prétendu que la truite saumonée provenait d'un œuf de saumon fécondé par une truite, ou d'un œuf de truite fécondé par un saumon ; qu'elle ne pouvait pas se reproduire, et qu'elle ne formait pas une espèce particulière. Cette opinion est contraire aux résultats des observations les plus nombreuses et les plus exactes. Les truites saumonées, comme les autres poissons du même genre, vivent de petits poissons, de vers et d'insectes aquatiques ; elles se plaisent dans les eaux rapides, dont le fond est sablonneux et graveleux : elles y restent jusqu'en novembre ou décembre, temps où elles frayent ; et si les rivières où elles se trouvent sont alors glacées, elles ne se retirent dans la mer qu'après le dégel.

On prend ce poisson avec les filets, les nasses et les lignes de fond, amorcées avec un ver ou une sangsue. La truite saumonée a la chair tendre et de très-bon goût ; elle est facile à digérer.

L'EPERLAN. *Eperlanus.* Rond.

* Abdominaux.
* * Corps allongé, écailleux.

Ce poisson, ainsi appelé à cause de sa blancheur, semblable à celle de la perle, est d'une forme qui approche de celle du saumon ; mais il est beaucoup plus petit. Sa taille ordinaire est de 4 à 5 pouces ; ses écailles, argentées, se détachent aisément ; il répand une odeur forte de violettes, et sa chair en a le goût. L'éperlan, en général, habite les mers du nord de l'Europe : on n'en a jamais trouvé dans la latitude

de la Méditerranée. Il remonte au printemps
par troupes nombreuses dans les rivières ; on
en prend beaucoup à l'embouchure de la Seine.
Ce poisson vit de vers et de petits coquillages.
On le pêche avec un filet à mailles très-étroites.

Il y a deux sortes d'éperlans : celui que l'on
nomme *joël* est un très-joli poisson, d'une couleur argentée, mêlée de jaune ; celui qu'on
appelle *menidice* est marqué d'une quantité de
points noirs. L'un et l'autre sont si transparens
que l'on peut distinguer dans la tête les parties
du cerveau, et compter dans le corps les vertèbres et les côtes.

Il y a, selon *Bloch*, une variété de l'éperlan
qui habite les profondeurs des lacs, et ne les
quitte qu'au printemps pour aller déposer son
frai dans les rivières ; il est plus petit que l'é-
perlan de mer.

L'ESTURGEON. *Acipenser sturio*. LINN.

* Cartilagineux.
* * Corps allongé.

L'ESTURGEON est connu à Bordeaux sous le
nom de *créac*, en Provence et en Languedoc
sous celui de *sturium*. Les cinq rangées paral-
lèles d'écailles osseuses qui donnent à ce poisson
la forme d'un pentagone, le distinguent des
autres poissons du même genre. C'est le plus
gros des poissons que l'on recherche pour la
bonté de leur chair ; le corps est d'un bleu noirâtre ; le ventre, de couleur argentée, est plat ;

la

la bouche est petite et dépourvue de dents ; le bec, long, large et mince, est garni de quatre barbillons. On a vu des esturgeons qui avaient jusqu'à 16 pieds de long. On trouve ces poissons dans les mers de l'Europe et de l'Amérique. Ils remontent quelquefois les rivières à l'approche du printemps pour frayer. La peau de l'esturgeon fournit de la colle. Ses œufs, marinés, contribuent à la nourriture de plusieurs peuples du Nord : cette préparation s'appelle *caviar*. On pêche ces poissons avec la seine ou avec des trémaux dérivans : la plus forte pêche se fait sous la glace avec des crochets. Ce poisson a la chair grasse et de bon goût, sur-tout lorsqu'après sa sortie de la mer il a passé quelque temps dans les fleuves. On peut comparer cette chair à celle du veau.

LA LAMPROIE. *Petromyzon marinus*. Linn.

* Cartilagineux.
** Corps cylindrique.

La lamproie a quelque ressemblance avec l'anguille ; elle est ainsi nommée parce qu'elle suce les pierres (*à lambere petras*), auxquelles elle adhère ensuite par le vide que produit cette succion. Ce poisson a dix ou douze rangées de dents cartilagineuses et coniques ; il n'a pas d'ouïe ; il respire par sept ouvertures, placées de chaque côté sur une même ligne ; et c'est par ces ouvertures qu'il rejette l'eau qu'il a avalée. Aux mois de mars, avril et mai, les lam-

D

proies quittent la mer et entrent dans les fleuves et les rivières : les femelles pour y déposer leurs œufs, les mâles pour les féconder. Dans l'arrière-saison, les petits, qu'à Bordeaux on appelle *pibales*, gagnent la mer avec les vieilles lamproies qui ont échappé aux filets des pêcheurs ; et au printemps suivant, on les voit reparaître dans les eaux douces. On se sert, pour pêcher les lamproies, de nasses et de louves ; on en prend souvent avec les saumons et les aloses.

Quand, au printemps, ce poisson sort des eaux salées, sa chair est très-bonne ; mais ensuite elle devient dure et de mauvais goût.

Aux poissons voyageurs que nous venons de décrire, on peut ajouter les différentes espèces de muges, tels que le mulet ou cabot, que distinguent la grosseur de sa tête et la largeur de son dos ; le flet, dont le dos est garni d'une rangée de petites épines pointues ; l'ombre de mer, ou maigre, ou daine, dont les côtés sont remarquables par des bandes transversales d'une couleur jaune obscur et de diverses nuances.

SECTION SECONDE.

DE LA PÉCHE.

Parmi les moyens de prendre le poisson, on distingue principalement, 1.º les lignes de diverses espèces, qui toutes sont terminées par un crochet recouvert d'un appât; 2.º les rets ou filets, qu'une main habile emploie à envelopper le poisson, à le couvrir, ou à l'enlever du fond de l'eau; 3.º les engins de bois qui présentent une entrée facile, mais dont ne peuvent plus sortir les poissons qui s'y sont engagés; 4.º les procédés mis en usage pour attirer le poisson, l'enivrer ou le faire périr.

§. I.er

De la Pêche à la Ligne.

La ligne est un fil composé de chanvre, de crin ou de soie, au bout duquel est un petit crochet de fer ou de fil de fer d'archal, auquel on donne le nom de *hain*.

L'extrémité du hain est formée en dard, de manière que s'il arrive au poisson d'avaler le hain avec l'appât dont il est recouvert, les efforts qu'il fait ensuite pour le rejeter ne servent qu'à l'engager dans les chairs.

D 2

Le hain, garni de son appât, se nomme hameçon.

Les appâts dont on garnit les hains, sont de petits poissons ; des insectes ailés, naturels ou artificiels ; des vers de différentes espèces ; des pâtes composées de fromage, de viandes hachées, de bouillies odorantes ; ou des œufs de poissons.

Les lignes, armées d'un ou de plusieurs hameçons, s'emploient de différentes manières.

Les unes, attachées à une gaule flexible, que l'on nomme *canne* ou *cannette*, ont le hain appâté d'une petite plume de la forme des papillons qui voltigent à la surface de l'eau, et que cherchent les truites et les poissons blancs : ces lignes ne s'enfoncent point dans l'eau ; on les nomme lignes volantes ou flottantes.

D'autres lignes sont garnies d'un corps léger, tel qu'un morceau de liége ou d'un tuyau de plume, fermé aux deux bouts, auquel on donne le nom de *bouchon* ou de *nageoire*, parce qu'il reste à la surface de l'eau, tandis qu'au moyen de petits plombs, la partie inférieure de la ligne à laquelle est attachée l'hameçon s'enfonce dans l'eau ; lorsque le poisson mord à l'appât, il occasionne à la nageoire une secousse qui avertit le pêcheur de lever la ligne pour saisir sa prise. On connaît ces lignes sous le nom de lignes *plongeantes* ou à *bouchons*. Le pêcheur tient une de ces lignes à la main ; ou bien il en a plusieurs, dont les cannes sont fichées en terre, et qu'il observe en se promenant sur le rivage.

Si la ligne armée d'un hameçon et garnie d'une nageoire, au lieu d'être attachée à une gaule que le pêcheur tient à la main, est retenue par un piquet ou une branche d'arbre au bord de l'eau, elle prend le nom de *ligne sédentaire* ou *bricole*.

Les lignes *dormantes* sont celles qui sont attachées à un cerceau, à un panier ou à tout autre corps, qui, au moyen de flottes de liége, reste à la surface de l'eau. Le cerceau est retenu par une corde attachée à la rive; au moyen de cette corde, le pêcheur peut, quand il veut, retirer le cerceau, le visiter, prendre le poisson et rétablir les hameçons.

On appelle pêche à la *corde* ou aux *cablières*, celle qui consiste à tendre d'une rive à l'autre d'une rivière, une corde garnie de plusieurs lignes. Cette corde est fixée, à chaque bout, par un pieu ou un gros caillou; on la retire chaque matin pour détacher, des hameçons, le poisson qui a pu s'y prendre.

Si à un corps pesant que l'on jette au fond de l'eau, on attache plusieurs lignes, en s'assurant de pouvoir le retirer le lendemain au moyen d'une corde, dont un bout est fixé au bord de la rivière, ces lignes s'appellent *lignes de fond;* on y prend les poissons qui se tiennent habituellement au fond de l'eau, tels que les anguilles et les barbeaux.

La ligne *au doigt*, que l'on n'emploie guère que dans la mer, est garnie d'un plomb pour la faire jouer sur le fond avec plus de facilité.

Le pêcheur la tient à la main sans intermédiaire, et la retire lorsqu'un mouvement communiqué à son index l'avertit que le poisson a mordu à l'hameçon.

Le pêcheur intelligent emploie ces différentes lignes suivant la nature des poissons qu'il veut attaquer ; attendu, ainsi que nous l'avons dit, que quelques-uns ne quittent guère le fond de l'eau, que d'autres se tiennent entre deux eaux, et que certaines espèces s'approchent de leur surface, lorsqu'ils y sont attirés par des insectes qui s'y trouvent quelquefois en très-grande quantité.

La pêche à la ligne est très-avantageuse aux pêcheurs immédiatement après le temps de frai, parce qu'alors le poisson affaibli cherche à réparer ses forces, ce qui le rend très-vorace. Cette pêche a beaucoup d'avantages sur toutes les autres manières de prendre le poisson ; elle peut se faire sur toute sorte de fonds, même au milieu des rochers ; elle est praticable dans toutes les saisons ; elle est aussi celle qui contribue le moins à la destruction des espèces, puisqu'elle ne gâte point les fonds et les herbiers où les poissons déposent leur frai, et où se retirent les petits pour se tenir à l'abri des courans, et éviter les gros poissons qui leur donnent la chasse. Enfin, les poissons les mieux conditionnés sont ceux qui ont été pris à l'hameçon : ils ne sont point meurtris et fatigués comme ceux que l'on retire des filets, où ils se trouvent souvent gâtés avant de sortir de l'eau.

Mais cette pêche a le grand inconvénient de consommer une grande quantité de petits poissons, avec lesquels les pêcheurs appâtent les hains.

––––––––––

§. II.

Des Rets ou Filets.

Tout le monde sait que les rets ou filets sont des ouvrages de fil de chanvre, noué par mailles et à jour, dont on se sert pour prendre le poisson.

Les filets sont de différentes sortes; les uns sont destinés à être tendus au fond de l'eau pour enlever le poisson au moment de son passage : tels sont la *truble*, le *bouteux*, les *haveneaux*, l'*échiquier*; d'autres sont jetés par les pêcheurs du haut d'un pont, d'un rocher, d'un bateau ou du bord d'un cours d'eau, pour couvrir le poisson, le rassembler et l'entraîner ensuite sur le rivage : tel est l'*épervier*.

Ces rets sont maniés par un seul homme : c'est pour cela qu'ils sont connus sous le nom de *petits filets*.

D'autres filets, plus volumineux que les précédens, sont destinés à cerner le poisson; ils exigent une manœuvre qui s'opère par plusieurs hommes, ou par des animaux de trait, ou avec de petits bateaux : de cette espèce sont la *seine* et le *colleret*.

Enfin, il y a des *filets sédentaires*, dans

lesquels le poisson est entraîné par les courans, par les marées ou par ses besoins : de cette espèce sont le *trémail sédentaire*, le *verveu* et le *gords*.

Nous allons faire connaître la construction de chacun de ces filets, et les usages particuliers qu'en font les pêcheurs.

PETITS FILETS.

De la Truble ou Trouble, et de ses différentes espèces.

Ce petit filet, que l'on nomme dans quelques endroits *carrelet*, *cliquette*, *étiquette*, et que les pêcheurs de la Garonne appellent tantôt *sarrabec*, tantôt *tire-rive* ou *couillette*, a la forme d'un capuchon. Son ouverture est attachée, soit à un cerceau, soit à un châssis de trois ou quatre côtés, suspendu au bout d'une perche : il s'emploie dans les eaux troubles et au bord des rivières. Le maître pêcheur pose à fond la partie de la truble opposée à l'extrémité de la perche qu'il tient relevée; deux hommes, armés chacun d'une bouille, remuent la vase de chaque côté du filet, que le pêcheur relève promptement, pour prendre le poisson qui y a été ainsi amené.

Les trubles diffèrent par leur grandeur et par les usages auxquels elles sont destinées. Les plus grandes, nommées *manioles*, sont formées d'un cercle de bois, traversé par la perche qui sert de manche; il y en a de moins grandes, dont le cercle est en fer : on en fait de carrées pour prendre le poisson dans les boutiques et les réservoirs. Celles que l'on nomme *lanets aux sauterelles*, sont montées sur un morceau de bois contourné comme une raquette : on s'en sert pour prendre des sauterelles et des chevrettes dans les algues.

On peut aussi ranger dans la classe des trubles le *salabre*, que le pêcheur passe par-dessous le poisson qu'il aperçoit entre les rochers, dans les canaux et auprès des piles des ponts ; les *tamis de crin*, que l'on ajoute au bout d'une perche, pour prendre les petits poissons près de la surface de l'eau ; les grandes et petites *chaudières* ou *coudrettes*, ou *caudelettes*, les *savonceaux*, formés d'un cercle de fer sans manche et suspendus par des cordes. Les pêcheurs plongent ces instrumens entre les rochers, et de temps en temps ils les relèvent, pour en retirer les crustacés qui s'y trouvent pris.

Des Bouteux.

Le *bouteu* comme la truble, dont nous venons de parler, est un filet en forme de capuchon ; à son ouverture se trouve une traverse en bois, au milieu de laquelle aboutit un long manche ; la partie supérieure de l'ouverture du filet est fixée par deux baguettes pliantes, qu'on nomme *volets* ; on les réunit l'une à l'autre pour former un demi-cercle, dont la traverse devient le diamètre. Cet instrument ne peut s'employer que sur les fonds de sable uni ; il est poussé en avant, par le pêcheur, de la même manière qu'une ratissoire est employée par un jardinier. Le pêcheur, muni de cet instrument, court de toutes ses forces, et le relève de temps en temps, pour prendre avec la main les poissons qui se trouvent dans le filet. Il y a des bouteux de petites dimensions : à Coutance, on les nomme *bouquetons ;* à Bayeux, *buchotiers ;* à Vannes, *petits haveneaux ;* dans d'autres endroits, ils sont connus sous le nom de *boulets.*

Le filet que l'on appelle *grenadière ,* est une espèce de bouteu, dont la partie supérieure n'est point fixée par des *volets ,* mais par une seconde traverse parallèle à la grande traverse, nommée *seuil ,* destinée à racler le sable.

Des Haveneaux.

On appelle *haveneau* ou *havenet* un filet en forme de poche, monté sur deux perches. Ces perches sont croisées comme les branches d'un ciseau : le filet est attaché aux lames. L'angle qui est opposé s'appuie contre le corps du pêcheur, et les extrémités des branches passent sous ses aisselles.

Lorsque le pêcheur sent un poisson donner dans le filet, il le relève pour le retendre aussitôt, après avoir fait sa prise.

On donne le nom de *bichettes* aux petits haveneaux montés sur des baguettes courbées en arc.

La *savanelle* ou *saveneau ,* que l'on connaît à Toulouse sous le nom de *birol de course ,* est.

un diminutif du haveneau. Ce filet est une simple nappe, montée sur deux perches qui ne se croisent point. Le pêcheur en tient une à chaque main; il présente à l'eau le filet ouvert, et aussitôt qu'il s'aperçoit qu'un poisson y a donné, il rapproche les deux perches, relève le filet pour le retendre ensuite.

Le filet que les pêcheurs de l'Auvergne appellent *chaperon*, est une espèce de savanelle.

Le *bout de quièvre* est aussi une espèce de haveneau, que le pêcheur pousse devant lui comme le bouteu; mais il diffère de ce dernier instrument, en ce qu'au lieu de la traverse qui le termine, le filet du bout de quièvre, tendu sur une corde, est soutenu sur les extrémités des deux perches, terminées en forme de cornes pour glisser sur le sable.

Il y a une autre espèce de haveneau appelé *savre*; il diffère des précédens, en ce qu'il n'est tenu que par un long manche, et qu'il n'est point assemblé avec la traverse sur laquelle le filet est monté. Les pêcheurs, montés sur un batelet, plongent ce filet sur les bords des rivières, et le relèvent chaque fois qu'ils croient y trouver du poisson.

De l'Échiquier.

L'échiquier, que l'on nomme aussi *Carreau, carrelet, carré, callèle, calen, hunier, venturon*, est un filet carré, suspendu par des perches légères, formant l'arc, et amarrées à une longue gaule, dont le bout est tenu à la main par le pêcheur, pour plonger le filet et pour le relever afin d'en retirer le poisson. C'est ordinairement du bord d'un petit bateau que l'on plonge l'échiquier.

De l'Épervier.

Ce filet, qui est aussi connu sous le nom de *furet* et de *risseau*, a une embouchure fort large, et se termine en pointe, à laquelle est attachée une corde, qu'on tient plus ou moins longue, suivant la profondeur de l'eau où l'on veut pêcher. Lorsqu'on le jette pour couvrir et entourer les poissons qui se trouvent dessous, il s'étend en rond, et forme un cône qui s'allonge à mesure que le pêcheur le retire vers le rivage. Les bords de ce filet, terminés par des poches, sont garnis de plomb, raclent le fond de l'eau, se réunissent, et empêchent le poisson de s'échapper.

De l'Épervier de traîne.

Il y a des éperviers plus grands que ceux dont il vient d'être question, et qui, au lieu d'être jetés, sont traînés.

Pour pêcher avec l'épervier en le traînant, on attache deux cordes à celle qui entoure l'embouchoure du filet, et qui porte les plombs. Deux hommes traînent ce filet en halant sur les cordes, de manière qu'une portion se tienne presque droite à la surface de l'eau. Le reste de l'embouchure du filet tombe au fond de l'eau en décrivant une espèce d'ovale : la queue ou *culasse* flotte entre deux eaux. Un homme suit les pêcheurs ; il tient la corde qui est attachée à la pointe du filet, et lorsqu'une secousse lui annonce qu'il y a des poissons pris, il avertit les pêcheurs, qui se réunissent pour vider le filet.

Lorsque les rivières sont bordées d'*herbiers*, de *crones* ou de *sourives*, ou quand le filet ne peut pas embrasser toute la largeur de la rivière, des hommes appelés *bouleurs*, armés de perches, marchent d'un côté et de l'autre du cours de l'eau, immédiatement après ceux qui halent le filet, et avec leurs perches ou bouilles ils battent les herbiers et fourgonnent dans les crones pour engager le poisson à donner dans le filet.

La pêche à l'épervier n'est pas avantageuse pour prendre les poissons qui s'enfoncent dans la vase ou dans le sable.

Cette pêche n'est point destructive, sur-tout si les mailles du fond ne sont pas serrées.

De la Faux ou Guideau de pied.

C'EST un petit filet qui a la forme d'un sac de sept à huit pieds de long. L'ouverture est fixée par une portion de cerceau, dont les deux extrémités aboutissent à une corde, de manière que le sac est attaché en partie au cerceau et en partie à la corde.

Deux hommes, pour se servir de ce filet, le

prennent chacun par un bout, et en présentent l'ouverture au courant. Lorsqu'ils sentent qu'un poisson a donné dans le filet, ils en élèvent l'embouchure, font leur prise, et replongent le sac pour attendre un autre poisson.

Le sac de toile claire dont on se sert aux environs de Morlaix, a beaucoup de rapport avec la faux, quant à sa construction et à la manière de prendre le poisson.

GRANDS FILETS.

Les grands filets sont de deux sortes : les uns servent à cerner le poisson et à l'entraîner sur le rivage ; nous les appellerons *grands filets mobiles*. Les autres sont fixés dans l'eau pour arrêter le poisson à son passage ; ils sont connus sous le nom de *grands filets sédentaires*.

Les grands filets mobiles sont la *seine* et le *colleret*. Les grands filets sédentaires sont le *tremail*, les *guideaux* et les *verveux*.

De la Seïne.

La *seine*, *ceine* ou *traine*, est connue sous les noms d'*escave*, *escavar*, *escavette*, *carcasse*, par les pêcheurs de la Garonne : il paraît que c'est le même filet que celui nommé *chalon* par quelques pêcheurs.

C'est un filet fort simple et en nappe, qui a beaucoup plus de longueur que de chute. Comme il doit être tenu verticalement dans l'eau, son bord supérieur est garni de flottes de liége ou de bois , et le bord inférieur , destiné à racler le fond de l'eau, est chargé de lest. A chaque extrémité latérale de ce filet sont attachées des cordes appelées *bras* , destinées à opérer la manœuvre, qui consiste à cerner le poisson dans une enceinte de forme demi-circulaire, pour le prendre après avoir amené sur le rivage les deux bouts de la seine.

La longueur de ce filet varie depuis huit brasses jusqu'à soixante, et sa chute est depuis 4 jusqu'à 6 pieds, même au delà. La seine n'est point de l'espèce des filets dans lesquels le poisson *se maille* (1), c'est une sorte de crible qui laisse passer l'eau, et arrête le poisson qu'il rencontre. On le met en jeu au moyen d'un ou de deux bateaux, ou de deux treuils placés sur le rivage.

Du Colleret.

Le *colleret*, que l'on appelle aussi *petite seine* ou *seinette* , n'est autre chose qu'une *seine* de peu d'étendue, qui, au lieu d'être traînée au moyen de deux bateaux, est mise en jeu par des hommes, soit à pied, soit à cheval.

Comme les pêches que l'on fait avec ces deux

---

(1) Il y a des filets destinés à prendre uniquement une espèce de poisson ; ils doivent avoir leurs mailles tellement proportionnées, que la tête de ce poisson entre dans les mailles, et que le corps qui est plus gros ne puisse y passer. Alors, le poisson qui a engagé sa tête dans une maille ne peut la franchir à cause de la grosseur de son corps , et il ne lui est pas possible de se dégager en rétrogradant , parce que les fils du rets s'engagent dans ses ouïes.

espèces de filets s'exécutent en *traîne*, elles ne peuvent avoir lieu que sur des fonds unis. Elles sont très-nuisibles à la reproduction, parce que, les filets étant traînés, leurs mailles se rétrécissent, et qu'ils ramassent des immondices qui empêchent le frai et la *menuise* de passer par les mailles.

Du Tramail.

Le *tramail*, *tramau* ou *trémail*, est un grand filet composé de trois rangs de mailles en losange, mises les unes devant les autres ; celles de devant et de derrière, qu'on appelle *hameaux* ou *aumées*, sont fort larges et faites de fil fort ; la toile du milieu, qui s'appelle *nappe* ou *fue*, est faite d'un fil délié ; elle s'engage dans les grandes mailles, et y forme une poche d'où ne peut sortir le poisson qui y est entré.

On tend le tramail de manière à prendre le poisson qui vient du milieu de l'eau pour entrer dans les joncs, et celui qui va prendre le large en sortant des joncs.

Les petits tramaux se nomment *tramillons*.

Usage particulier des grands Filets ci-dessus.

On appelle *barandage* une manœuvre qui se fait au moyen d'un grand filet, qui barre tout le lit d'une rivière. A une grande distance de ce filet, les pêcheurs, portés par des bateaux, remontent la rivière en y jetant des pierres et en faisant beaucoup de bruit ; lorsque les poissons,

sons, ainsi chassés, se trouvent assez rappro-
chés du filet, on le replie en demi-cercle vers
le rivage, et on pêche avec des éperviers le
poisson ainsi rassemblé.

Autrefois les pêcheurs, et même les officiers
des maîtrises, se donnaient ainsi le plaisir de la
pêche. Cela arrivait ordinairement au mois de
mai, et cette partie de plaisir, très-nuisible à
l'empoissonnement des rivières, se nommait la
fare.

Des Guideaux.

Le guideau ou didau a la forme d'une poche allongée, large à son embouchure, et allant
toujours en diminuant jusqu'à son extrémité.
On prend, avec les guideaux, tout le poisson
qui suit le courant ; c'est pourquoi on les tend
de manière à ce que la bouche soit opposée au
fil de l'eau.

La pointe des guideaux est formée avec une
corde que l'on délie pour en retirer le poisson (1).

Une longue suite de guideaux, fixés par des
piquets à l'embouchure d'une rivière, ou vis-à-
vis quelque courant, s'appelle *étalier*.

On tend aussi les guideaux aux arches des
ponts et aux vannes des moulins.

On donne le nom de *gords* à une construction
de pieux, fichés sur deux lignes, qui forment
l'entonnoir à l'arche d'un pont, ou dans le lit
d'un courant pour conduire les poissons dans
un guideau. C'est dans ce cas qu'une rivière se

---

(1) *Voyez* plus bas *nasse*.

E

trouve barrée par les guideaux qui arrêtent tout ce qui passe.

Des Verveux.

On nomme *verveux*, *verviers*, *clivets*, *entonnoirs*, *renards*, des filets ronds qui se terminent en pointe. L'ouverture d'un verveu est faite d'un demi-cercle appuyé sur une traverse : plusieurs cercles, qui vont successivement en diminuant, le tiennent ouvert. Il y a à son entrée un filet postiche de peu d'étendue, nommé *goulet*, qui a la forme d'un entonnoir. Les poissons étant entrés par le bout de ce filet dans le corps du verveux, ne peuvent plus en sortir, parce que le goulet se dilate quand le poisson se présente pour entrer; ce qui ne peut arriver lorsqu'il veut sortir. On multiplie quelquefois les goulets dans l'étendue du verveu, afin d'être plus assuré de la prise des poissons qui s'y engagent.

Il paraît qu'on donne le nom de *gars* au verveu qui n'a qu'un goulet.

Le verveu prend le nom de *raffle* lorsque le poisson est conduit à son ouverture, comme par un entonnoir, au moyen de deux pans de rets, que l'on appelle *ailes*, ou au moyen de deux rangs de piquets.

On fait usage de petits verveux dans des passages que l'on a pratiqués à travers les herbiers pour attirer le poisson. Ces petits filets sont connus à Cette sous le nom de *bertoulane* ou *bertoulettes*, et à Toulouse sous celui de *bartuels*.

Le *verveu double* et cylindrique ou *tambour*,

que quelques-uns nomment *loup*, a deux ouvertures avec chacune un goulet. Il s'emploie comme le *bartuel* dans les herbiers.

De la Louve.

Le filet auquel on donne le nom de *louve* n'est point de la même nature que le verveu double ou loup, dont nous venons de parler. La louve est un grand filet sédentaire qui, comme le tramail, a beaucoup plus de longueur que de chute, et dont le milieu forme une poche. On tend ce filet avec trois grandes perches, dont l'une, haute de 12 à 15 pieds, est fixe; les deux autres sont enlevées chaque fois que l'on veut retirer le poisson qui a donné dans le filet.

§. III.

Des Engins de bois.

On donne communément le nom d'engins de pêche à toutes les machines qui se placent sous l'eau à poste fixe. D'après cette définition, les guideaux, les verveux et le tremail sédentaire, dont nous avons parlé plus haut, pourraient être considérés comme des engins; mais nous ne comprendrons ici, sous ce nom générique, que les instrumens faits avec du bois.

Des Nasses.

On appelle *nasses* ou *engins de bois* ceux qui

sont composés d'osier ou de tout autre bois flexible. Les nasses, suivant leurs formes et leurs dimensions, se distinguent en nasses proprement dites, *nassons, lances, bires, bures, gombins, bouteilles, boisseaux, ruches, paniers, bouterolles*, etc.

A ces divers instrumens de bois il faut ajouter la *solle*, employée par les pêcheurs de la Garonne, et dont il sera question plus bas.

La nasse, de quelque espèce qu'elle soit, est une sorte de panier allongé, fait de baguettes flexibles. Comme il est à claire-voie, l'eau passe aisément, mais le poisson est retenu par les baguettes. Dans l'intérieur de ce panier on remarque un ou plusieurs *goulets*, composés comme lui de brins d'osier, mais plus déliés, plus souples et élastiques, dont les bouts ne sont point réunis : ils sont assez flexibles pour ne point former d'obstacle à l'entrée du poisson dans la nasse ; mais aussitôt qu'il est entré, en écartant ces brins, ils se rapprochent les uns des autres et lui présentent leurs pointes réunies qui l'empêchent de sortir.

Quelquefois on ajoute, à l'extrémité inférieure des *guideaux*, une petite nasse appelée *bire*, *bure*, *bouteille* ou *boisser*.

Les meuniers mettent à leurs vannes de décharge une espèce de nasse qu'ils appellent *anguillière* ou *panier de bonde* : c'est en quelque sorte un guideau d'osier. Cette nasse n'a pas de *goulet ;* mais le poisson n'en sort pas à cause de la vitesse du courant.

De la Solle.

La *solle* est d'une forme à peu près semblable à celle du panier de bonde, dont nous venons de parler ; mais elle est composée de planches. Son ouverture a 15 pouces de large et 3 pouces de haut ; sa longueur est de 5 pieds ; elle se termine par une pointe émoussée. Les pêcheurs de la Garonne déposent cet instrument au fond de l'eau avec les précautions nécessaires pour pouvoir le retirer à volonté. On l'emploie pendant l'hiver. Le petit poisson y cherche un abri contre le froid, et s'y rassemble quelquefois en si grande quantité, qu'il y paraît entassé. Il y a au bord supérieur de la *solle* un anneau de fer, au moyen duquel le pêcheur, avec une gaffe, la relève pour y prendre le poisson : le petit poisson inexpérimenté est le seul qui donne dans ce piége. On peut dire, que de tous les moyens de prendre le poisson, celui-ci est le plus destructeur ; avec d'autant plus de raison, qu'un seul pêcheur tend quelquefois 40 à 50 solles. Il paraît que cet instrument a beaucoup de rapport avec la *truble à bois* et le bac, dont l'usage est défendu par les anciennes ordonnances.

De la Bouraque.

C'est une espèce de nasse que l'on peut comparer à certaines souricières faites de fil de fer. Cet instrument a dans sa partie supérieure un *goulet*, formé par des osiers flexibles comme celui des autres nasses ; il permet au poisson d'entrer facilement, mais il empêche leur sortie.

De la Cage.

La *cage* est une nasse faite comme une mue
à élever les poulets. Le pêcheur en couvre les
carpes qu'il aperçoit au fond de l'eau lorsqu'elles dorment ou qu'elles se promènent. Cette
pêche a quelques rapports avec celle de l'épervier. On en abuse pour prendre les carpes en
temps de frai. On donne le nom de mue à une
espèce de cage recouverte d'un filet muni d'une
poche, et dont on fait à peu près le même usage.

---

§. IV.

De divers autres moyens de prendre le Poisson.

Comme le poisson, pendant la nuit, s'approche des lumières qu'on lui présente, les pêcheurs profitent de cette inclination, soit pour
le percer avec l'épée, le harpon, la fouane,
soit pour le prendre avec des filets.

Lorsque les rivières sont glacées, si on fait
des trous à la glace, le poisson s'en approche
et donne la même facilité aux pêcheurs.

Enfin, la chaux, la coque-levant, la noix
vomique, la momie et quelques autres drogues,
enivrent le poisson, le font même périr. Ce
sont les moyens que les malfaiteurs n'emploient
que trop souvent pour s'approprier quelques-
uns de ces animaux, en en faisant perdre des
quantités considérables.

SECTION TROISIÈME.

DE LA LÉGISLATION.

Le droit de pêche peut être exercé dans la mer ; ou dans les fleuves, les rivières navigables et flottables ; ou dans les rivières non flottables et les ruisseaux.

Considérons d'abord ce droit dans son origine, et comme partie du droit public ; nous ferons ensuite connaître les lois qui en règlent l'exercice.

§. I.er

Droit public.

Les fleuves et rivières navigables ou flottables, les rivages, lais et relais de la mer, les ports, les havres, n'étant pas susceptibles d'une propriété privée, sont considérés comme dépendance du domaine public. Cet ancien principe est consacré par l'article 41 du titre 27 de l'ordonnance des eaux et forêts, du mois d'août 1669, et par l'article 338 du code civil.

Par une conséquence de ce principe, le Souverain a dû disposer, dans tous les temps, du droit de pêcher dans les mers qui baignent les côtes de la France et dans les fleuves et ri-

E 4

vières. Diverses ordonnances de nos Rois permettent à tous les Français de pêcher en pleine mer et sur les grèves; mais elles soumettent l'exercice de cette faculté à des règles qui tendent à en prévenir ou à en réprimer les abus.

Quant aux fleuves et aux rivières navigables ou flottables, nos Rois se sont réservé, dans ces cours d'eau, le droit exclusif de la pêche, et il en résulte une branche du revenu public que nous ferons connaître plus bas. Ce droit avait été successivement morcelé : depuis longtemps des particuliers avaient acquis, à divers titres, la faculté exclusive de pêcher dans les portions des fleuves et rivières qui arrosaient leurs propriétés. De telles facultés ont été considérées comme droits féodaux, et abolies par les articles 2 et 5 du décret du 25 août 1792, et par les décrets interprétatifs des 6 et 30 juillet 1793. Les particuliers, ainsi dépossédés, ont seulement été autorisés à enlever les matériaux en bois qui avaient servi à l'établissement des gords, pêcheries ou didaux, établis sur les rivières, lorsque ces enlèvemens ont pu être effectués sans dégradation. Le domaine a été ainsi remis en possession de tous les fleuves et rivières, à partir du point où leur cours est navigable ou flottable, jusqu'au point où ils contractent la salure de la mer.

Avant la révolution, le droit exclusif de pêcher dans les rivières non flottables et les ruisseaux, appartenait aux seigneurs hauts-justiciers, dans l'étendue de leurs terres. Ce droit ayant été aboli par les décrets ci-dessus, le Gouvernement l'a conféré aux propriétaires riverains ; chacun d'eux, en vertu d'un avis du Conseil d'état, approuvé le 13 pluviôse an 13, a le droit de pêcher sur les parties auxquelles aboutit son héritage.

Ce n'était point assez de déterminer à qui pouvait être confié le droit de prendre le poisson. Les législateurs ont dû considérer la pêche sous d'autres rapports : le poisson fournit un aliment d'autant plus précieux, que, suivant sa qualité, il sert à nourrir la classe indigente et à orner la table de l'opulence. Il fallait donc s'occuper de la conservation des espèces en mettant un frein à la cupidité des pêcheurs. Tel est le but des lois dont il va être question.

§. II.

Exercice de la Péche dans la Mer et sur les Grèves.

L'ORDONNANCE de la marine du mois d'août 1681, en permettant à tous les Français de pêcher dans la mer, impose aux pêcheurs des obligations qui ont pour objet la conservation des espèces. Ceux qui y contreviennent doivent être condamnés à des amendes considérables, et dans certains cas, à des peines corporelles.

Les dispositions de cette ordonnance ont été expliquées, étendues ou modifiées par les dé-

clarations du Roi des 18 avril et 24 décembre
1726, 18 mars 1727, 23 août et 18 décembre
1728; par l'ordonnance du mois d'août 1781,
et par l'arrêt du Conseil du 3 mars 1784.

Toutes ces lois sont d'accord pour interdire
l'usage des appâts propres à empoisonner le
poisson; pour défendre l'emploi de certains filets
et engins; pour déterminer l'ouverture des mailles de ceux que les pêcheurs peuvent employer;
pour interdire ou restreindre la pêche pendant
le temps où le poisson fraye; enfin, pour empêcher les pêcheurs de porter obstacle à la
navigation.

------

§. III.

Exercice de la Pêche dans les Fleuves et les Rivières navigables ou flottables.

Si l'autorité conservatrice des droits de tous
a cru devoir, comme nous l'avons dit, mettre
un frein à la cupidité des pêcheurs dans la vaste
étendue des mers, où il serait si difficile de
détruire les espèces, à plus forte raison doit-
elle prendre des mesures contre les abus de la
pêche dans les eaux limitées des fleuves et des
rivières. Nos Rois en ont de tout temps reconnu
la nécessité, ainsi que l'attestent les ordonnances des mois d'août 1291, juin 1326, mars 1388,
septembre 1402, mars 1515, février 1550, mai
1597 et août 1669.

Les dispositions de ces lois ont spécialement

rapport aux fleuves et aux rivières navigables ou flottables , qui font partie du domaine. L'autorité, en accordant le droit de pêche dans ces cours d'eau , a mis , à ces concessions temporaires, des conditions que nous allons faire connaître ; elles ont pour objet certaines restrictions à la faculté de prendre le poisson, les moyens employés par les pêcheurs, les revenus que la pêche procure au trésor public, et les peines dont les délits doivent être punis.

Restrictions au droit de Pêche.

Toutes les anciennes ordonnances, dont nous avons parlé plus haut, sont d'accord pour défendre la pêche en temps de frai, et pour obliger les pêcheurs à rejeter dans les rivières les poissons qui n'ont pas acquis une certaine grosseur. Les mêmes mesures conservatrices sont prescrites par les articles suivans de l'ordonnance de 1669.

« Les pêcheurs ne pourront pêcher en temps
» de frai, savoir : aux rivières où la truite
» abonde sur tous les autres poissons, depuis
» le 1.er février jusques à la mi-mars ; et aux
» autres, depuis le 1.er avril jusques au 1.er juin,
» à peine, pour la première fois, de vingt livres
» d'amende, et de deux mois de prison pour la
» seconde (1).

» Est exceptée toutefois de cette prohibition,
» la pêche aux saumons, aloses et lamproies,

---

(1) Ordonnance de 1669, tit. 31, art. 6.

» qui sera continuée de la manière accou-
» tumée (1).

» Il est défendu aux pêcheurs de pêcher aux
» jours de dimanche et fêtes, sous peine de
» quarante francs d'amende, et en quelques
» jours et saisons que ce puisse être, à autres
» heures que depuis le lever du soleil jusqu'à
» son coucher (2).

» Les pêcheurs rejetteront en rivière les trui-
» tes, carpes, barbeaux, brèmes et meuniers
» qu'ils auront pris, ayant moins de 6 pouces
» entre l'œil et la queue; et les tanches, per-
» ches et gardons qui en auront moins de 5, à
» peine de cent livres d'amende, et de confis-
» cation contre les pêcheurs et marchands qui
» en auront vendus ou achetés (3).

» Il est permis aux agens de l'administration
» de visiter les rivières, bannetons, boutiques
» et étuis des pêcheurs; et s'ils y trouvent des
» poissons qui ne soient pas de la longueur et
» échantillon ci-dessus prescrits, ils feront pro-
» cès-verbal de la qualité et quantité qu'ils en
» auront trouvé, et assigneront les pêcheurs
» pour répondre du délit; le tout sans frais (4). »

Moyens employés pour prendre le Poisson.

L'ARRÊTÉ du Gouvernement, du 28 messidor
an 6, ordonne l'exécution des articles 6, 7 et

---

(1) Ordonnance de 1669, tit. 31, art. 7.
(2) *Ibid.* art. 4.
(3) *Ibid.* art. 12.
(4) *Ibid.* art. 24.

12 du titre 31 de l'ordonnance de 1669, que nous venons de rapporter, ainsi que des articles 5, 8, 9, 10, 15, 17 et 18, qui seront ci-après analysés.

L'article 10 est ainsi conçu : « Il est fait » expresse défense aux pêcheurs de se servir » d'aucuns engins et harnois prohibés par les » anciennes ordonnances sur le fait de la pêche, » à peine de cent livres d'amende. » Ces engins et harnois que défendent les anciennes ordonnances, sont l'échiquier, le garni, le valois, le cliquet, la truble à bois, la rouaille, les amendes, la bourrache, les ramées, les fagots, les fascines, les plusoirs ou pinçoirs, pinçonnoirs ou puisoirs, la chasse ou chatte, le bas-robuer ou bas-roborin, les sœurs, le marchepied, les nasses-pelées, les paniers, les éclisses, les jonchées, la braye à chausse, le boucel à épée, les lignes de long à menus hameçons (1).

Outre ces instrumens, l'ordonnance de 1669 a aussi défendu « les lignes à menus échecs et » amorces vives, les gilles, le tramail, le furet, » l'épervier, le chalon, le sabre, et autres qui » pourraient être inventés pour le dépeuple- » ment des rivières, comme aussi d'aller au » barandage et de mettre des bacs en rivière, » à peine de cent livres d'amende (2). »

_____

(1) Ordonnances de Charles IV, du mois de juin 1326 ; de Charles VI, du mois de mars 1388, et du mois de septembre 1402 ; de François I.er, du mois de mars 1515 ; et de Henri II, du mois de février 1550.

(2) Ordonnance de 1669, tit. 31, art. 10.

Quant aux instrumens nommément permis aux personnes qui ont le droit de pêcher, ce sont les lignes dormantes, les nasses d'osier, à condition que les verges flexibles qui en terminent le goulet, soient tellement disposées « *qu'on* » *y puisse bouter les quatre doigts en passant* » *les quatre premières jointures sans force;* » la truble de fil, pourvu qu'elle soit du moule d'un *parisis* de plat (9 lignes en carré); la seine, le tramillon, les rets à ables, les trames à chausses, les boucherets à bras (1).

Mais l'usage de ces derniers filets n'est permis qu'autant que les mailles sont assez larges pour laisser échapper le petit poisson. C'est dans cette vue que l'ordonnance de Philippe-le-Bel, de 1291, défend que *l'on puisse pêcher d'engins de fil de quoi la maille ne soit d'un gros d'argent* (2) (1 pouce en carré ou 27 millimètres). Les ordonnances de 1388, 1402 et 1515 renferment la même disposition; mais elles ajoutent que de la saint Remi jusqu'à Pâques, les mailles des filets pourront n'avoir que la largeur d'un parisis (3) (9 lignes ou 20 millimètres). Ces ordonnances doivent faire la règle en cette matière, puisque l'ordonnance de 1669, ni aucun règlement postérieur, ne prescrit les dimensions que doivent avoir les mailles des filets.

---

(1) Ordonnances de 1388, 1402 et 1515.

(2) Voyez, pour la figure et les dimensions de cette monnaie, les *édits et ordonnances de Saint-Yon*, pag. 227, et le *Dictionnaire raisonné des eaux et forêts de Chaillant*, p. 217.

(3) Voyez *ibid*.

Les règlemens sur la pêche dans les fleuves et rivières, ne font pas mention des filets appelés faulx ou guidon de pied, colleret, bouteux et haveneaux. On doit en conclure que l'on peut en faire usage, pourvu que les mailles aient les proportions ci-dessus énoncées.

Les filets appelés guideaux ou didaux sont soumis à des règles particulières. « Il est permis » de pêcher aux arches des ponts, aux moulins » et aux gords où se tendent les didaux, aux- » quels lieux on pourra pêcher tant de jour que » de nuit, pourvu que ce ne soit à jours de » dimanche ou fêtes, ou autres défendus (1).

» Il est aussi permis de placer au bout des » didaux, même en temps de frai, des chausses » ou sacs de 18 lignes (40 millimètres) en carré » et non autrement, à peine de vingt livres » d'amende et de confiscation ; et le temps de » frai passé, les pêcheurs peuvent y mettre des » bires ou nasses d'osier à jour, dont les verges » doivent être éloignées les unes des autres de » 12 lignes (27 millimètres) au moins, sous » les mêmes peines (2). »

Il est défendu « de pêcher avec des filets dans » les noues (3) et d'y bouiller pour prendre le » poisson et le frai, qui ont pu y être portés » par le débordement des rivières. » Il est éga-

---

(1) Ordonnance de 1669, tit. 31, art. 5.

(2) *Ibid.* art. 8 et 9.

(3) *Noues* : terre grasse et humide, qui est une espèce dé pré servant de pâturage aux bestiaux. *Dictionnaire Encycl.*

lement défendu de forcer le poisson à donner dans les filets, « en bouillant avec bouilles ou » rabots, tant sur les chevrins, saules, osiers, » terriers et arches, qu'en autres lieux, à peine » de cinquante livres d'amende (1).

« Inhibitions sont faites à tous mariniers, » contre-maîtres, gouverneurs et autres com- » pagnons de rivière, conduisant leurs nefs, ba- » teaux, besognes, marnois, flottes ou nacel- » les, d'avoir aucuns engins à pêcher, soit de » ceux permis ou défendus, à peine de cent li- » vres d'amende et de confiscation des engins (2). »

Cette peine doit être prononcée lors même que les filets ont été trouvés dans un bateau amarré (3) ou partout ailleurs (4).

« Il est enjoint aux maîtres des eaux et forêts » de prendre ou faire prendre par leurs dépu- » tés, sagement, entre les mains des pêcheurs, » ouvriers et autres trouvés saisis, les filets et » engins défendus, ci-dessus désignés, et autres » plus dommageables pourpensés par leur ma- » lice (5). »

---

(1) Ordonnance de 1669, tit. 31, art. 11.

(2) *Ibid.*, art. 15.

(3) Arrêt de la Cour de cassation du 29 octobre 1813.

(4) Un arrêt du Conseil du 27 novembre 1731, a ordonné l'exécution d'une sentence rendue par la maîtrise d'Or- léans, le 2 août 1727, portant condamnation d'amende contre plusieurs particuliers exploitant des moulins à bras sur la rivière de Loiret, près desquels on avait trouvé des éperviers garnis de leurs plombs qui séchaient attachés au mur.

(5) Ordonnances de 1292, 1386, 1402 et 1515.

Les

Les filets ainsi saisis doivent être brûlés à l'au-
dience, au devant de la porte de l'auditoire(1).

» Il est expressément défendu à tous pêcheurs
» de se servir d'aucuns engins et harnais, même
» de ceux dont l'usage est permis par les ordon-
» nances, qu'ils n'aient été scellés en plomb des
» armes du Roi, sous peine de confiscation et
» de vingt livres d'amende (2).

» Il est fait défenses à toutes personnes d'aller
» sur les mares, étangs et fossés lorsqu'ils sont
» glacés, y faire des trous, et d'y porter flam-
» beaux, brandons et autres feux, à peine d'ê-
» tre punis comme de vol (3).

» Il est défendu aux pêcheurs de porter chaî-
» nes et clairons en leurs batelets, et d'aller à
» la fare (4), à peine de cinquante livres d'amende
» contre les contrevenans (5).

» Il est aussi défendu à toutes personnes de
» jeter dans les rivières aucuns chaux, noix-
» vomiques, coque du levant, momies et autres
» drogues et appâts, à peine de punition cor-
» porelle (6).

---

(1) Ordonnance de 1669, tit. 31, art. 25.

(2) *Ibid.*

(3) *Ibid.*, art. 18.

(4) La fare est une pêche solennelle et de réjouissance
qui se faisait autrefois dans le mois de mai, par les pêcheurs de chaque rivière, et quelquefois par les officiers
des eaux et forêts.

(5) Ordonnance de 1669, tit. 31, art. 11.

(6) *Ibid.*, art. 14.

F

Revenus de la Pêche.

PAR l'effet de l'abolition des droits féodaux, la pêche était permise à chacun dans tous les cours d'eau; mais depuis le 1.er vendémiaire an 11, nul ne peut pêcher dans les fleuves et rivières navigables ou flottables, s'il n'a obtenu une licence, ou s'il n'est adjudicataire d'un cantonnement de pêche (1).

Le Gouvernement détermine quelles sont les parties des fleuves et rivières où la pêche est susceptible d'être mise en ferme; et il règle, pour les autres, les conditions auxquelles seront assujettis les particuliers qui voudront y pêcher moyennant une licence (2).

On entend, par licence, la permission que donne le Gouvernement à un particulier de pêcher sur une partie de rivière navigable, moyennant une somme payée annuellement au domaine.

Les adjudications sont annoncées par des affiches, précédées d'une estimation et du dépôt d'un cahier des charges; elles sont faites dans les mêmes formes et devant les mêmes autorités que celles des coupes de bois. Les fermiers de la pêche ne peuvent avoir plus de huit associés. Ils ne peuvent céder leur bail qu'à des particuliers qui seront agréés par le conservateur forestier de l'arrondissement, et dont ils sont responsables.

---

(1) Loi du 14 floréal an 10, tit. 5, art. 17.
(2) Ibid., art. 13.

Les baux actuellement existans ont été passés pour neuf ans; ils expireront, ainsi que les licences, au 31 décembre 1821, époque à laquelle il devra être procédé à de nouvelles adjudications.

Délits relatifs à la Pêche.

Les délits de pêche sont commis, ou par les fermiers et porteurs de licence, ou par les personnes qui n'ont aucun droit de prendre le poisson.

Nous avons fait connaître plus haut quelles étaient les peines qu'encouraient les fermiers et les porteurs de licence, dans le cas où ils contreviennent aux règlemens rendus sur l'exercice de la pêche.

Quant aux individus qui ne sont ni fermiers, ni munis d'une licence, ils ne peuvent pêcher dans les fleuves et rivières navigables, autrement qu'à la ligne flottante tenue à la main, à peine d'être condamnés,

1.º A une amende qui ne pourra être moindre de cinquante francs, ni excéder deux cents francs;

2.º A la confiscation des filets ou engins de pêche;

3.º A des dommages-intérêts envers les fermiers de la pêche, d'une somme pareille à l'amende (1).

---

(1) Loi du 14 floréal an 10, tit. 5, art. 15.

L'amende sera double en cas de récidive (1).

Les délits sont poursuivis et punis devant les tribunaux de police correctionnelle (2), de la même manière et par les mêmes agens que les délits forestiers (3).

La recherche de ces délits est confiée, soit aux gardes préposés par l'administration des forêts, chargée de la police, surveillance et conservation de la pêche, soit aux gardes qui peuvent être établis par les fermiers de la pêche, après avoir obtenu l'approbation du conservateur forestier, et avoir été reçus comme les gardes forestiers (4).

§. IV.

Exercice de la Pêche dans les Rivières non flottables et les Ruisseaux.

LES ordonnances qui suspendent l'exercice du droit de pêche pendant le temps de frai dans les rivières navigables ou flottables, et qui défendent d'y pêcher avec certains filets, ne rempliraient qu'imparfaitement le but que se sont proposé les législateurs, si les dispositions de ces ordonnances n'étaient point applicables aux

---

(1) Loi du 14 floréal an 10, tit. 5, art. 15.

(2) Arrêté du Gouvernement du 28 messidor an 6.

(3) Loi du 14 floréal an 10, tit. 5, art. 15.

(4) *Ibid.*, art. 18. — Arrêts de la Cour de cassation des 12 février 1808, 2 mars 1809 et 20 février 1812.

rivières non flottables et aux ruisseaux ; car la plupart des poissons remontent dans ces petits cours d'eau pour y déposer leur frai.

Il fallait donc, pour la conservation des espèces, assujettir les propriétaires riverains des petites rivières et des ruisseaux, aux mêmes règles auxquelles sont soumis les fermiers de la pêche et les personnes qui ont la licence de pêcher dans les fleuves ; et cela présentait d'autant moins de difficulté, que les propriétaires riverains n'ont le droit de pêcher qu'en vertu d'une concession gratuite.

Dès l'année 1346, une ordonnance de Philippe de Valois avait étendu à toutes les rivières les mesures conservatrices que l'on a fait connaître plus haut.

L'article 1.er des instructions jointes aux anciennes ordonnances, est ainsi conçu : « *Nulle* « *personne quelconque, soit noble, d'église ne* » *autre, ne doit user du droit de pêcher dans* » *son deffais, en quelque part et temps que ce* » *soit, à engin de non-maille ; et s'ils le font,* » *seront reprins.* »

Cette prohibition est confirmée par l'article 9 du titre 31 de l'ordonnance de 1669, qui oblige les ecclésiastiques, gentilshommes et communautés qui ont le droit de pêche dans les rivières, à faire observer par leurs domestiques et pêcheurs les mêmes règles ci-dessus rapportées, concernant l'exercice de la pêche dans les fleuves et rivières navigables ou flottables. Enfin, l'avis du Conseil d'état, approuvé le 30 pluviôse an 13, en accordant le droit de pêche aux riverains des petites rivières et ruisseaux, les assujettit aux dispositions des mêmes articles.

Les propriétaires riverains d'une rivière non flottable ou d'un ruisseau, peuvent faire punir quiconque pêche le long de leur propriété, des mêmes peines qui sont encourues pour les délinquans sur les rivières (1).

Lorsque la propriété riveraine est communale, le maire doit affermer le droit de pêche au plus offrant et dernier enchérisseur (2). Les adjudicataires ne peuvent être que deux en chaque commune (3), et les habitans ne peuvent pêcher dans la rivière affermée, à peine de trente francs d'amende et d'un mois de prison (4).

_____

(1) Ordonnance de 1669, tit. 26, art. 5.

(2) *Ibid.*, tit. 25, art. 17.

(3) *Ibid.*, art. 18.

(4) *Ibid.*

SECTION QUATRIÈME.

OBSERVATIONS

Sur les Lois relatives à l'exercice de la Pêche dans les Fleuves, les Rivières et les Ruisseaux.

Les auteurs du Code civil ont reconnu l'imperfection de nos règlemens sur la pêche ; car l'art. 715 semble annoncer que le Gouvernement s'occupera d'un nouveau règlement sur cette matière. S'il en est ainsi, le moment est arrivé de préparer une telle réforme. Les baux à ferme des rivières navigables seront renouvelés à la fin de cette année, et les clauses du cahier des charges devront être calquées sur les lois en vigueur. En sorte que si nos règlemens actuels sont mauvais, et s'ils ne sont point corrigés d'ici à cette époque, il faudra encore en supporter tous les inconvéniens pendant neuf ans, c'est-à-dire, pendant la durée des nouvelles locations ; ou s'exposer à des réclamations de la part des fermiers, dans le cas où, postérieurement, leur condition viendrait à être changée.

Mon travail aura donc le mérite de l'à-propos ; il aura aussi celui d'appeler l'attention de l'administration sur une matière relative au bien

F 4

public, de laquelle personne ne s'est occupé depuis cinq siècles.

Ce que j'ai exposé dans le cours de cet Ouvrage sur l'histoire naturelle des poissons, sur les diverses espèces de pêche, et sur la législation, se compose de faits qu'il fallait d'abord bien connaître. Leur rapprochement et leur comparaison m'ont mis à même de faire, avec quelque confiance, les propositions suivantes : le lecteur pourra, de son côté, juger du mérite de ces propositions; elles auront rapport aux derniers paragraphes de la section précédente, qui présente le tableau de la législation actuelle. Ainsi je parlerai, relativement aux rivières navigables et flottables, 1.º des restrictions au droit de pêche; 2.º des moyens employés pour prendre le poisson; 3.º des revenus de la pêche; 4.º des délits relatifs à la pêche. Un second paragraphe aura rapport aux rivières non flottables et aux ruisseaux.

---

§. I.er

Exercice de la Pêche dans les Rivières navigables et flottables.

Restrictions au droit de Pêche.

On a vu que les ordonnances défendent la pêche pendant le temps de frai, et en toute saison pendant la nuit, et qu'elles ordonnent aux pêcheurs de rejeter dans les rivières le

poisson qui n'a pas acquis une certaine croissance.

Temps du Frai. D'après ce que nous avons
déjà dit, c'est avec raison que les ordonnances
reconnaissent deux époques différentes pour le
temps de frai ; la première, relative aux truites, qui se recherchent au commencement de
la saison des frimas ; la seconde, relative aux
autres poissons, qui ne se rapprochent qu'au
retour de la belle saison ; mais comme les premiers froids et les premières chaleurs arrivent
plus tôt ou plus tard, suivant la hauteur des
lieux et leur éloignement de l'équateur, il en
résulte que le temps de frai des truites varie, en
France, depuis la fin de septembre jusqu'au
mois de février. On a vu que c'est au commencement de cette période que les truites fraient
aux sources des ruisseaux qui arrosent les hau-
tes montagnes, telles que les Pyrénées ; dans
les montagnes d'une moyenne élévation, l'acte
du frai n'arrive qu'un mois après, et il est gra-
duellement retardé jusqu'au commencement de
février, dans les rivières, à mesure qu'elles s'a-
vancent dans des régions plus tempérées.

Les auteurs de l'ordonnance de Lorraine de
1707, avaient sans doute fait cette observation,
lorsqu'ils ont défendu la pêche de la truite dans
les ruisseaux qui arrosent le département des
Vosges, depuis le 1.er novembre jusqu'au 1.er février. Mais on ne conçoit pas comment nos ordonnances françaises ont fixé ce temps prohibé
depuis le 1.er février jusqu'au 15 mars ; par

cette disposition la pêche se trouve défendue dans le temps où elle peut être faite sans inconvénient, et elle est permise à des époques où il serait si important de la défendre. On conçoit moins encore qu'une disposition aussi destructive ait été successivement renouvelée depuis le 13.ᵉ siècle, et que l'erreur sur laquelle elle est fondée n'ait point été relevée jusqu'à présent.

Ce que je dis de la pêche de la truite est en tout applicable à celle des autres poissons, puisque les mêmes causes avancent ou retardent le temps où ils sentent le besoin de se reproduire (1). Il me suffira d'ajouter que l'ordonnance de 1669 prohibe la pêche de ces poissons pendant les mois d'avril et mai ; qu'il est certain que dans le Midi du royaume aucune espèce ne fraye dans le mois d'avril, et que dans certaines localités le frai de quelques espèces, tels que la carpe et le barbeau, se trouve retardé jusqu'aux mois de juillet et août. La défense prononcée par nos ordonnances est donc en sens contraire des vues du législateur, et la destruction des espèces en est nécessairement le résultat.

Pour parer à ces graves inconvéniens, deux moyens se présentent : le premier consisterait à étendre le temps prohibé pour la truite, depuis le 25 septembre jusqu'au 1.ᵉʳ février, ce qui ferait plus de quatre mois, pendant lesquels cette pêche serait généralement défendue, et de prohiber la pêche des autres espèces pendant

(1) *Voyez* la fin de la section première.

les mois de mars, de mai, de juin, juillet et août. Le second moyen consisterait à charger chaque préfet de fixer, d'après l'avis du conservateur des forêts, le temps prohibé de la pêche, soit pour la truite, soit pour les autres poissons : dans l'un et l'autre cas, l'article 6 du titre 31 de l'ordonnance de 1669 serait abrogé.

La prohibition générale, pendant ces deux longues périodes, aurait l'inconvénient de trop restreindre les jouissances des pêcheurs et des consommateurs, en même temps qu'elle nuirait aux intérêts du trésor public. Je pense donc que les préfets doivent être investis du pouvoir de fixer les temps prohibés pour la pêche, de la même manière qu'ils sont chargés, par la loi du 30 avril 1790, de défendre aux propriétaires la chasse sur leurs terres non closes, à des époques qui doivent varier, suivant que dans chaque localité l'exigent la nature des cultures et le temps des récoltes.

Il est bon de faire remarquer ici que le temps de frai pour chaque espèce de poisson dure assez ordinairement quinze jours, et qu'il ne suffit pas de prohiber la pêche pendant cet espace de temps ; d'abord, parce que dans la même localité le dérangement des saisons peut avancer ou retarder cet acte de la reproduction ; ensuite, parce que la pêche la plus destructive est celle qui se fait dans le temps qui précède et dans celui qui suit l'époque du frai (1). Il me

_____

(1) *Voyez* section première.

paraît donc convenable d'adopter les dispositions de nos ordonnances, qui étendent à six
semaines ou deux mois le temps où la pêche est
prohibée pour chaque espèce de poisson.

Les poissons que j'ai appelés voyageurs (section première, 4.ᵉ classe), doivent être excep-
tés de cette mesure, comme les en exceptent
nos ordonnances, puisqu'ils ne quittent la mer
que pour venir frayer dans les rivières, et qu'ils
reviennent à la mer après l'acte du frai ; ainsi,
ce serait interdire d'une manière absolue la pêche des poissons voyageurs, que de la défendre
en temps de frai.

Pêche pendant la nuit. La facilité avec laquelle les maraudeurs et les pêcheurs peuvent
pendant la nuit enfreindre impunément les dispositions des lois, a fait défendre la pêche depuis le coucher jusqu'au lever du soleil ; mais
je dois faire remarquer que cette défense est
nécessairement sans effet. Pendant le jour, il
est impossible de prendre quelques espèces de
poissons, tels que l'anguille (1), et la pêche des
autres espèces, faite pendant le jour, n'indem-
nise pas les pêcheurs de leurs peines, à moins
que les eaux ne soient troubles (2); ainsi, la défense de pêcher pendant la nuit, équivaut en
quelque sorte à celle de prendre du poisson. Il me
paraît donc que l'art. 5 du tit. 31 de l'ordonnance

_____

(1) *Voyez* la section première, article *anguille* et aux
notes.

(2) Voyez *ibid*.

qui la renferme, doit être modifié de telle sorte, que la pêche pendant la nuit ne soit qu'une circonstance aggravante, qui entraînerait le double des peines encourues pour toute sorte de délit de pêche.

Petits Poissons. L'injonction faite aux pêcheurs de rejeter dans la rivière les poissons qui n'ont pas acquis une certaine longueur, me paraît entièrement inutile ; ce serait en pure perte que l'on remettrait à l'eau les poissons pris avec les lignes de toute espèce, puisque ces poissons ne peuvent vivre après la blessure qu'ils ont reçue. Quant à ceux que l'on retire des filets, les uns, tels que les brèmes et les poissons blancs, meurent presqu'aussitôt qu'ils sont sortis de leur élément; et la plupart des autres espèces résistent difficilement aux froissemens auxquels ils ont été exposés, depuis le moment où ils sont tombés dans le piége, jusqu'à celui où ils sont retirés de l'eau. Quelques espèces vivaces, telles que la tanche et la carpe, supportent peut-être une telle fatigue; mais il faudrait, près de chaque pêcheur, un garde pour l'obliger à faire ainsi le sacrifice de sa prise. Comme une loi inutile est une mauvaise loi, il me paraît convenable de supprimer l'article 12 du titre 31 de l'ordonnance de 1669 : aussi-bien son objet se trouve-t-il rempli par l'article 24.

Ce dernier article permet aux agens de l'administration de visiter les rivières, bannetons, boutiques et étuis des pêcheurs, pour y reconnaître les poissons qui ne sont pas de l'échantillon prescrit par l'article 12, en dresser procès-verbal, etc.

On se rappelle que cet article défend aux pêcheurs de s'approprier la truite, la carpe, le barbeau, la brème et le meunier, si ces poissons n'ont 6 pouces entre la tête et la queue; il me paraît convenable d'y ajouter l'ombre, qui a beaucoup de rapport avec la truite, ainsi qu'on peut le voir dans la description que j'ai donnée de ce poisson (section première).

D'après cela, les pêcheurs ne pourraient s'approprier, conserver ou vendre les poissons que j'ai compris dans une Ire division, qu'autant qu'ils auraient 6 pouces entre l'œil et la queue, ni ceux de ma IIe division qui auraient moins de 5 pouces.

Les contrevenans seraient punis d'amende et de la confiscation.

Moyens employés pour prendre le Poisson.

On sait que l'on prend le poisson à la ligne, avec des filets ou des engins de bois, avec des instrumens tranchans, ou enfin avec des drogues enivrantes et destructives.

Pour juger du mérite de nos lois relatives à l'emploi de ces divers moyens, il convient de reconnaître quelques principes dont elles doivent être des conséquences. Voici ceux qui me paraissent résulter de la nature même des choses :

1.º La pêche est un exercice auquel on ne peut se livrer qu'en respectant le droit d'autrui;

2.º Elle doit être dirigée de la manière la plus utile à la société, et aux pêcheurs eux-mêmes;

3.º Un pêcheur nuit à la société, aux droits particuliers et à son intérêt personnel, s'il prend le poisson qui est encore dans le bas âge;

4.º Tout instrument construit de manière à retenir le poisson qui n'a pas acquis une certaine croissance, doit être proscrit;

5.º Comme les gros poissons se nourrissent des petits, dont la conservation forme la richesse des rivières, il doit être permis de tendre des piéges de toute espèce pour les gros poissons, pourvu que ceux-ci n'y soient point attirés, ou qu'ils ne soient point forcés d'y entrer par quelque manœuvre que ce soit.

Si ces principes sont aussi justes qu'ils me le paraissent, toutes dispositions législatives qui se trouveraient leur être contraires, seraient susceptibles d'être réformées. Nous allons faire l'examen de celles qui nous régissent.

Lignes. D'après ce qui a été dit au commencement de la section seconde, l'usage de toutes sortes de lignes doit être permis; mais par une conséquence des principes ci-dessus, il doit être défendu d'amorcer les hains avec le petit poisson des espèces précieuses. Tel est le sens que l'on doit donner à l'article 11 de l'ordonnance de 1669, qui défend les lignes à *menus échecs* et *amorces vives*. Je dis des espèces précieuses; car empêcher les pêcheurs d'amorcer avec les goujons et les poissons blancs, serait en quelque sorte leur défendre absolument la pêche aux lignes pour certains poissons, tels que l'anguille, et rien ne justifierait une telle prohibition.

Filets. La plupart des noms sous lesquels les filets sont désignés dans les ordonnances, sont maintenant sans signification : ils ne se retrouvent ni dans les vocabulaires, ni dans les ouvrages écrits sur la pêche ; en sorte, qu'à quelques exceptions près, on ne sait plus quels sont les filets dont l'usage est permis ou défendu par les ordonnances. Cela est d'autant plus vrai, que le même filet est maintenant connu sous un nom différent dans chaque contrée où on en fait usage : on peut se former une idée de cette confusion, en jetant les yeux sur la nomenclature ci-dessous.

LIGNES, FILETS ET ENGINS DE PÊCHE.

Mentionnés dans les Ordonnances (1).

d. Amandes.	d. Braye à chausse.	d. *Didaux.*
d. Bas roborin.	dd. *Chalon.*	d. *Échiquier.*
p. *Bire.*	d. Chasse.	d. Eclisses.
p. *Bons bousseaux.*	d. Chatte.	dd. *Éperoier.*
d. Boucet à épée.	d. Chausse.	d. Fagots.
p. *Bucherels à bras.*	d. Chiphre.	d. Fascines.
d. Bourache.	d. Cliquet.	dd. Furet.

(1) Les noms écrits en lettres italiques, sont ceux dont on connaît la signification. La lettre *p.* indique les instrumens dont l'usage est permis par les lois ; la lettre *d.* indique ceux dont l'usage est défendu par les anciennes ordonnances ; les lettres *dd.* désignent ceux qui sont nommément défendus par l'ordonnance de 1669.

d. Garni.
dd. Gille.
d. Jonchées.
dd. Lignes à menus échecs et amorces vives.
d. Liguées de long à menus hameçons.
p. Ligne dormante.
p. Ligne flottante.
d. Marchepied.

p. Nasses à pêcher goujons.
p. Nasses d'osier.
d. Nasses-pelées.
d. Paniers.
d. Pinçoirs.
d. Pinçonnoires.
d. Plusoirs.
d. Ramées.
p. Rès à ables.
d. Rouaille.
dd. Sabre.

p. Seine.
d. Sœurs.
dd. Tramail.
p. Trame à chausse.
p. Tramillon.
d. Truble à bois.
p. Truble à fil.
p. Truble à loches.
p. Truble à sentille.
p. Truble à véron.
d. Valois.
p. Verveux.

Décrits dans les Ouvrages sur la Pêche.

Acq.
Aiguillère.
Bichette.
Bires.
Bouraque.
Bout de quièvre.
Bouteilles.
Bouteu.
Bures.
Cage.
Caudelette.
Chalon.
Colleret.
Couderette.
Echiquier.

Epée.
Epervier.
Faux.
Fouane.
Guideau.
Harpon.
Haveneau.
Lanet.
Ligne au doigt.
Ligne de fond.
Ligne dormante.
Ligne flottante.
Ligne plongeante.
Loup.
Louve.

Maniole.
Nasses.
Seine.
Salabre.
Savanelle.
Savonceau.
Savre.
Tamis.
Tramail.
Tramillon.
Truble.
Verveu.
Verveu double.

Employés par les Pêcheurs de la Haute-Garonne, du Tarn et de l'Ariége.

Bartucl.
Bergat.
Bergole.
Birot de course.
Bricole.

Callele.
Carcasse.
Cordes.
Conillette.
Escavar.

Escave.
Escavette.
Etendard.
Epervier.
Fourche.

G

Ligne au bouchon.
Ligne flottante.
Sarrabec.

Solle.
Tartaille.
Tire-rive.

Trigadier.
Trémail.

Employés dans quelques autres Départemens.

Alignole.
Almacrade.
Ansières.
Appelets.
Archets.
Bache traînante.
Bauffe.
Belce.
Bertavelle.
Bourtoulasse.
Bertoulette.
Beichaire.
Bigearreyns.
Bouquetons.
Bouterolles.
Brege.
Bretelières.
Buchotiers.
Cablière.
Cabouture.
Cache.
Calebasse vide.
Calen.
Canard.
Canière.
Capeyron.
Capoutière.
Carré.
Carreau.
Carrelet.
Chaperon.
Cliquette.
Clivet.

Coiffe.
Corbeille.
Couffe de palagre.
Coulette.
Courantille.
Didaux.
Drague.
Dracgue.
Empile.
Entonnoir.
Espadron.
Espion.
Enauge.
Etiquette.
Failles.
Fichure.
Foscina.
Foue.
Fougue.
Fourche.
Fourquette.
Furet.
Gline.
Globe.
Gombin.
Gourde.
Grenadière.
Guideau.
Guinguenasse.
Havenet.
Hanier.
Jets.
Laguillière.

Lamprisse.
Lances.
Lannes.
Lesque.
Leurre.
Libouret.
Lignette.
Manet.
Nause.
Panier de bonde.
Pentenne.
Pentière.
Perche volante.
Petit haveneau.
Petite seine.
Phastier.
Potera.
Quinque porte.
Raclare.
Ravoirs.
Ray.
Renard.
Risseau.
Rissolle.
Ruche.
Sac de toile.
Soutars.
Tambour.
Traîne.
Traînelle.
Trameau.
Venturon.
Verviers.

On peut remarquer que l'état ci-dessus présente plus de 200 instrumens de pêche de différentes espèces, et que les ordonnances ne font mention que de 52, savoir : 16 dont elles permettent l'usage, et 36 dont elles le défendent. On voit aussi, que parmi les instrumens nommément autorisés, il ne s'en trouve que 8 dont les noms nous soient connus ; en sorte que près de 200 filets et engins de pêche sont chaque jour employés par les pêcheurs, sans que l'on sache si ces instrumens sont permis ou défendus par les règlemens.

Cependant tous les engins et harnais doivent porter une marque aux armes du Roi, à peine de confiscation et d'amende ; et cette marque ne peut être mise par les agens forestiers que sur les instrumens dont l'usage est permis par les ordonnances, c'est-à-dire, seulement sur 8 de ces instrumens. L'exécution de cette disposition pourrait bien avoir lieu à l'égard des propriétaires riverains des petites rivières et des ruisseaux, auxquels on peut imposer les conditions les plus gênantes, puisque leur droit est l'effet d'une concession gratuite. Mais ce serait renoncer aux revenus de la pêche sur les rivières navigables et flottables, que de proscrire 200 filets dont les pêcheurs font journellement usage.

Les agens forestiers, à qui cette observation ne peut échapper, mettent leur jugement à la place de la loi : les uns ne marquent point les filets, et les permettent conséquemment tous ;

les autres marquent ceux qu'il leur plaît; et cet arbitraire ne peut qu'être une source d'abus et de vexations.

Si une loi aussi vicieuse n'était point rapportée, on pourrait remédier à une partie de ses conséquences par une clause particulière du cahier des charges qui, dans chaque arrondissement, désignerait par leurs noms vulgaires les instrumens dont l'usage serait permis aux fermiers. Mais cette désignation elle-même serait un acte arbitraire, dont le moindre inconvénient serait de voir le même filet permis dans un arrondissement et proscrit dans l'arrondissement voisin.

Venons aux instrumens dont l'usage est nommément défendu par les ordonnances; ils sont, comme nous l'avons dit, au nombre de 36; mais dans ce nombre il ne s'en trouve que 6 dont les noms nous soient connus; il faut cependant ajouter, suivant les expressions de l'article 10 du titre 31 de l'ordonnance de 1669, tous autres *engins et harnais qui pourraient être inventés au dépeuplement des rivières.*

Remarquons d'abord que l'un de ces filets, le chalon, est de la même nature que la seine, dont l'usage est autorisé (1), et que l'échiquier, l'épervier ou furet, ainsi que le sabre, sont de petits filets mobiles, beaucoup moins destructeurs que les verveux et le tramillon, dont les ordonnances autorisent l'usage. L'épervier et

---

(1) *Voyez* section seconde, article *seine.*

l'échiquier sont les instrumens des personnes qui ne font de la pêche qu'un amusement ; et ils sont les seuls avec lesquels il soit possible de pêcher dans les torrens et les rivières parsemées de rochers. Ce serait donc interdire la pêche dans ces cours d'eau, que de prohiber l'épervier et l'échiquier ; aussi les fermiers de la pêche s'en servent-ils librement sans que personne, au moins dans mon arrondissement, ait jamais cru devoir s'y opposer. C'est ainsi que les mauvaises lois ne sont jamais exécutées.

Il me reste à parler de la disposition de l'ordonnance qui défend aussi *tous engins et harnais qui pourraient être inventés au dépeuplement des rivières.* Cette désignation vague ne peut avoir aucun effet ; elle ne concerne point les instrumens de pêche qui étaient connus à l'époque de la publication de l'ordonnance; elle prévoit le cas où d'autres engins pourraient être inventés ; mais ce cas arrivant, on serait fort embarrassé pour décider si l'engin nouvellement inventé l'a été *au dépeuplement des rivières.*

J'en ai dit, je pense, assez pour faire connaître que les lois qui défendent l'usage de certains filets, et qui désignent nommément ceux qui peuvent être employés, que ces lois, dis-je, ne sont point observées; qu'il est impossible de les mettre à exécution; qu'elles ouvrent conséquemment une large porte à l'arbitraire et aux vexations.

On pourrait sans doute faire cesser cet arbitraire et ses conséquences en formant une liste

générale de tous les engins et filets, en les désignant par chacun des noms vulgaires sous
lesquels ils sont connus dans les différentes contrées du royaume. Après ce travail prépara-
toire, un règlement déterminerait, d'une manière précise, ceux de ces instrumens qui
pourraient être exclusivement employés par les
pêcheurs.

C'est ici le moment de remarquer qu'une telle
loi aurait bien l'avantage de faire cesser l'arbitraire dont nous nous plaignons; mais elle im-
poserait une grande gêne aux pêcheurs sans
remplir les vues du législateur. De quoi s'agit-
il, d'après les principes ci-dessus posés? d'interdire aux pêcheurs les moyens de prendre les
petits poissons, et de leur laisser toute liberté
possible pour pêcher les gros : le premier but
sera rempli, si les mailles des filets sont tellement ouvertes que les petits poissons puissent y
passer; et le second le sera aussi, en permettant
l'usage de toute espèce de filets. Par l'effet de
cette disposition, on n'aura plus à s'occuper de
la barbare nomenclature ni de la synonymie dont
nous venons de parler; il n'y aura plus d'arbitraire dans la marque des filets : cette marque
deviendra même inutile. Il sera libre à chacun
d'inventer de nouveaux filets; parce qu'aucun,
pour me servir des expressions de l'ordonnance,
ne sera au dépeuplement des rivières, si les
mailles sont suffisamment ouvertes.

Ce principe une fois adopté, il ne faut plus
que déterminer la proportion des mailles qui

composeront toute espèce de filets. Ici la règle
ne peut être qu'une conséquence de celle qui
fixe l'échantillon des poissons qui doivent être
conservés dans les eaux ; il faut que les mailles
soient telles qu'elles puissent retenir ceux qui
ont plus de 5 à 6 pouces entre l'œil et la queue ;
et pour cela, d'après la vérification que j'en ai
faite, il faut qu'elles aient 1 pouce (27 millimètres) en carré : c'est la mesure du gros
tournois prescrite par les anciennes ordonnances. Lorsque tous les filets seront réduits à cette
mesure, le petit poisson échappera à l'avidité
des pêcheurs, et dans peu d'années, nos rivières acquerront une richesse dont elles sont
depuis long-temps dépouillées par l'effet des
mauvaises lois.

Les anciennes ordonnances permettent de se
servir de filets d'une plus petite maille, qu'elles
réduisent au diamètre du *parisis* (9 lignes),
depuis la Saint-Remi, 1.er octobre, jusqu'à Pâques. Je ne vois pas quel est le motif de cette
différence dans un laps de temps qui comprend
l'époque où la truite fraye ; et je pense qu'il
convient de permettre aux pêcheurs l'usage des
mêmes filets pendant toute l'année. Les obliger
à en avoir de deux mailles différentes, serait
leur imposer une charge onéreuse et sans utilité.

Engins de bois. Le même principe s'applique
naturellement aux nasses d'osier et autres engins
de bois. Les dispositions des anciennes ordonnances, qui fixent la largeur de l'ouverture de
ces instrumens, ne peuvent être justifiées.

Qu'importe que l'on puisse *bouter les quatre doigts* au goulet d'une nasse ? Le point essentiel est que le petit poisson, étant entré dans le fond de cette nasse, puisse s'échapper par l'intervalle qui se trouve entre chaque verge ; et pour cela, il faut que cet intervalle soit de 20 millimètres : c'est à peu près la largeur du petit doigt, fixée par les anciennes ordonnances; au moyen de cette condition, les nasses, bires, bures et autres engins formés de verges de bois, quels que soient leurs formes, leurs dimensions et leurs usages, doivent être généralement autorisés.

La défense de se servir de rets, filets, nasses et engins n'ayant point les proportions requises, aurait peu d'effet si elle n'était suivie de celle de fabriquer et même de posséder de tels instrumens ; les agens du Gouvernement doivent être autorisés à les saisir partout où ils se trouvent. C'est, comme nous l'avons vu, le vœu des anciennes ordonnances; d'ailleurs l'article du règlement qui contiendra cette disposition se trouvera en harmonie avec l'ordonnance de la marine du mois d'août 1681, et avec la déclaration sur la pêche des poissons de mer, sanctionnée par la loi du 12 décembre 1790.

Mais il y a des espèces de poissons qui n'acquièrent jamais assez de volume pour être retenus par les filets et les nasses faites dans les dimensions ci-dessus. Faudra-t-il renoncer à manger de ces poissons ? Non, car les pêcheurs prennent sans peine ceux qui se trouvent enve-

loppés dans les herbages et la fange que ramassent les grands filets employés en traîne. On en
prend aussi à la main et à la ligne ; et, comme
on le verra plus bas, l'autorité compétente
pourra permettre l'usage de tout instrument
qui n'est composé ni de mailles de fil de chanvre, ni de verges à jour de bois flexibles, tels
sont les tamis de crin, les sacs de toile, les
paniers, les vases de métal, etc., etc. Au reste,
si la mesure que je propose doit conserver dans
les rivières un plus grand nombre de poissons
de petite espèce, ils serviront à la nourriture
des gros, ce qui économisera les bonnes espèces ;
et il y aura, avec le temps, avantage pour le
pêcheur et pour le consommateur.

Par une conséquence du cinquième principe
que nous avons posé ci-dessus, il convient de
maintenir les articles de l'ordonnance qui prohi-
bent l'usage de la bouille, du barandage, des
flambeaux, brandons et autres feux, des chaînes et clairons ; et il faut ajouter la défense de
fermer l'embouchure des rivières et des ruisseaux ; de faire, sans autorisation, sur les cours
d'eau de toute espèce, des barrages, gords et
autres établissemens fixes, propres à empêcher
les migrations du poisson, et de l'appâter avec
quelque substance que ce soit.

Revenus de la Pêche.

LE produit des baux à ferme de la pêche sur
les rivières navigables, qui est maintenant d'environ 400,000 fr., est susceptible d'être qua-

druplé par l'effet des dispositions qui viennent d'être indiquées. Les pêcheurs, contrariés dans leurs habitudes, obligés d'abord à quelques dépenses pour régulariser une partie de leurs instrumens de pêche, ne manqueront pas de se plaindre ; mais ceux qui sont de bonne foi, conviendront que dès la deuxième année de leur exercice ils se trouveront amplement dédommagés par la quantité et la grosseur des poissons dont seront peuplées les rivières. Le nouvel ordre de choses que je propose n'occasionnera donc pas de diminution sur le prix des baux qui vont être renouvelés ; et comme il est hors de doute que ces baux seront ensuite susceptibles d'une augmentation très - considérable, il serait de l'intérêt du trésor de ne leur donner qu'une courte durée, telle que celle de trois ans; mais il faut que l'administration établisse des gardes-pêche, en nombre suffisant pour faire respecter les droits des fermiers, et pour contenir ceux-ci dans le devoir.

Cette condition est essentielle; il faut même, pour le succès des adjudications, que les pêcheurs soient assurés d'avance de son exécution; sans cela, ils feront entrer en ligne de compte ce qu'il en coûterait pour salarier eux-mêmes des gardes particuliers; et ils modéreront en conséquence leurs enchères. L'administration peut facilement augmenter le nombre des gardes-pêche : elle trouvera le moyen de fournir à une partie de cette dépense, en assujettissant les fermiers à payer le décime pour franc du prix des adjudications. Les adjudicataires ne se plaindront point de cette nouvelle charge., car elle sera plus que compensée par l'exemption de payer la marque des filets, qui, ainsi que nous l'avons dit dans le paragraphe précédent, deviendra inutile au moyen des mesures proposées.

Délits relatifs à la Pêche.

Il est bon de présenter ici le tarif des peines prononcées par les lois que nous avons analisées dans la section précédente. Le rapprochement de ces peines nous donnera la facilité de les comparer et de juger si elles sont proportionnées.

20^f d'amende, à raison de la pêche en temps de frai.

Id.   pour l'emploi de filets non marqués.

Id.   pour nasses ou chausses mises au bout des didaux sans être d'échantillon.

40^f pour la pêche faite les jours de dimanches et fêtes.

Id.   pour la pêche pendant la nuit.

50^f pour l'emploi des bouilles ou rabots.

Id.   pour les lignes avec échecs et amorces vives.

Id.   pour chaînes et clairons portés dans les batelets par les pêcheurs.

Id.   pour la pêche dans les noues avec filets et bouilles.

Id.   pour la *fare*.

100^f à raison de la prise des poissons n'ayant pas la taille requise.

Id.   pour l'emploi des engins défendus,

100 f   pour le barandage.

Id.   contre les bateliers non autorisés à pêcher, qui portent des filets dans leurs bateaux.

50 à 200 f contre toute personne qui, sans autorisation, pêche autrement qu'à la ligne flottante.

Peine corporelle contre quiconque jette dans les eaux des appâts nuisibles au poisson.

En comparant ces peines, il est facile de remarquer qu'il en est plusieurs qui manquent de proportions entr'elles, et que d'autres sont inutiles.

La pêche, en temps de frai, est le délit le plus nuisible que puissent commettre les pêcheurs ; cependant il est puni de la peine la plus légère.

Les didaux sont les instrumens de pêche dont l'usage est le plus commun ; ils sont aussi les plus désastreux, parce que c'est par centaines qu'on les emploie pour barrer tout le cours d'une rivière. Il est donc bien important que les sacs ou chausses qui les terminent puissent laisser échapper le petit poisson, au moyen de la largeur des mailles ou de l'écartement des verges. Il n'y a pas de raison pour ne punir que d'une amende de 20 francs l'infraction des réglemens pour les didaux, tandis que l'amende est de 100 francs pour la même infraction concernant les autres filets.

On ne peut punir trop sévèrement quiconque jette dans les rivières des drogues propres à empoisonner ou à enivrer le poisson. Il convient donc de joindre une amende à la peine corporelle que prononce l'ordonnance.

Nous répéterons ici que le fait de la pêche pendant la nuit doit être considéré comme une circonstance aggravante de tout délit, et qu'il est impossible d'astreindre ceux qui ont le droit de pêche, à ne l'exercer que pendant le jour.

---

§. II.

Exercice de la Pêche dans les Rivières non flottables et les Ruisseaux.

Quiconque pêche sans autorisation dans une rivière navigable, fait un vol au fermier, tandis que la pêche illicitement faite dans une petite rivière ou un ruisseau, n'est qu'une atteinte au privilége du propriétaire riverain, et le poisson qu'on peut y prendre n'est ordinairement que d'une très-petite valeur. Sous ce rapport, il ne paraîtrait pas juste de punir des mêmes peines les délits commis, soit sur un ruisseau, soit sur un fleuve ; mais il est à remarquer, que pour violer le privilége du riverain d'un ruisseau, il faut d'abord avoir violé sa propriété, souvent avoir endommagé sa récolte. Il convient donc de maintenir les dispositions des ordonnances qui prononcent les mêmes peines pour les mêmes délits, quels que soient les cours d'eau sur lesquels ils ont été commis.

§. III.

Projet de Règlement.

LES articles réglementaires que nous allons proposer, sont les conséquences des observations contenues dans le paragraphe précédent.

———

La pêche est, comme par le passé, défendue en temps de frai.

Le temps prohibé à raison du frai, sera, chaque année, de soixante jours, qui seront désignés, tant pour la truite que pour les autres poissons, par le préfet de chaque département, après avoir pris l'avis du conservateur des forêts.

Dans les départemens qui renferment de grandes montagnes, le préfet pourra désigner deux époques différentes où la pêche sera prohibée, l'une pour la montagne, l'autre pour la plaine.

La pêche faite en temps prohibé, sera punie d'une amende de 5o francs.

Il est permis à toute personne, ayant le droit de pêche, de l'exercer avec toute espèce de filets et de nasses d'osier, quelles que soient leur forme et la dénomination sous laquelle ils sont connus.

Mais il est défendu d'employer, fabriquer, mettre en vente, même de posséder ou détenir chez soi aucun filet dont les mailles auraient moins de 27 millimètres (1 pouce) en carré, et aucune nasse ou autre engin de bois flexible, dont les verges seraient écartées l'une de l'autre de moins de 20 millimètres, le tout à peine de 100 francs d'amende et de confiscation.

Les instrumens en bois appelés solles, bacs, *et tous*

autres qui ne sont point composés de mailles de fil de chanvre ou de verges d'osier à jour, sont interdits à toute personne, en quelque temps et dans quelque rivière que ce soit, à moins d'une autorisation expresse donnée par le préfet, d'après l'avis du conservateur des forêts, à peine de confiscation; et pour chacun de ces instrumens, d'une amende qui ne pourra être moindre de 5 francs ni excéder 5o francs.

Il est enjoint aux officiers des forêts, aux gardes-pêche et aux commissaires de police, de visiter, un mois après la publication des présentes, les rivières, ruisseaux, pêcheries, boutiques, fabriques et ateliers, pour y vérifier les rets, filets, nasses et autres engins de pêche; saisir ceux qui, n'ayant pas les dimensions requises, se trouveront au pouvoir des pêcheurs, fabricans, ouvriers et débitans. Il en sera dressé procès-verbal, et les instrumens saisis seront brûlés à la porte de l'auditoire du tribunal.

Il est défendu de pêcher, colporter, vendre, débiter ou tenir en réservoir les truites, ombres, carpes, barbeaux, brèmes et meuniers, ayant moins de 162 millimètres (6 pouces) entre l'œil et la naissance de la queue; et les tanches, perches et gardons, ayant moins de 135 millimètres (5 pouces), à peine de 100 francs d'amende.

Il est aussi défendu, sous les mêmes peines, d'appâter les hains, nasses, filets et engins avec les poissons dénommés dans l'article précédent, quelle que soit leur longueur, à peine de 5o fr. d'amende.

Il est permis aux officiers des forêts, aux gardes-pêche et aux commissaires de police, de visiter les réservoirs de poisson, étuis, huches, paniers et boutiques des pêcheurs et des marchands, pour y saisir les poissons qui n'auront pas les longueurs requises;

les pêcheurs et marchands, dans ce cas, seront punis de 100 francs d'amende et de confiscation.

Il est défendu à toute personne de jeter dans les rivières aucune drogue et appâts propres à enivrer et à empoisonner le poisson, à peine de 100 fr. d'amende et d'emprisonnement.

Il est aussi défendu de jeter dans les cours d'eau des appâts de quelque nature que ce soit, pour amorcer le poisson et le rassembler, à l'effet de le pêcher plus facilement, à peine de 50 francs d'amende.

Il est défendu à toute personne de détourner, sans autorisation, le cours des rivières et ruisseaux, et de les barrer ou couper par des digues et retenues pour y pêcher, à peine de 100 francs d'amende, du double en cas de récidive, et dans tous les cas, de démolition des ouvrages.

L'amende sera toujours double, lorsque les délits de toute espèce seront commis pendant la nuit.

Toutes les dispositions pénales contenues dans le présent règlement, sont applicables aux rivières non flottables et aux ruisseaux.

Les lois et règlemens auxquels il n'est pas dérogé par les présentes, continueront à être exécutés.

F I N.

TABLE DES MATIÈRES.

H

SECTION SECONDE.

SECTION TROISIÈME.

SECTION QUATRIÈME.